探秘世界系列
DISCOVER THE WORLD

# 奇趣动物之谜

主编/李瑞宏　　副主编/郭寄良

编著/高凡　陆源　绘/米家文化

浙江教育出版社·杭州

# 推 荐 序

随着人类文明的不断进步，现代的社会生活中到处都是科学技术的应用成果。人们的衣食住行，未来社会的发展，每一样都离不开科学技术的支撑。

我们乐观地期待着更加美好的未来，也看到未来事业的发展存在着新的、更多的挑战。少年儿童是未来的希望，毫无疑问，谁对他们的培养、教育取得了成功，谁就将赢得未来。

探知人自身以及外部世界的奥秘是人类文明的起点，也是少年儿童的天性。为了提高少年儿童的科学文化素质，适应他们课外阅读的需要，"探秘世界系列"丛书收录宇宙万物中玄奥的科学原理，探究人体内部精微组织与奇妙构造，揭秘动植物界鲜为人知的语言、情绪等行为，介绍最新奇的科技产品和科学技术，再现波澜壮阔的恐龙时代……包括梦幻宇宙、玄妙地球、奇趣动物、奇异植物、新奇科技、神奇人体、神秘恐龙7个主题，是一套全力为少年儿童打造的认识世界的科普读物。

本套丛书从科学的角度出发，以深入浅出的语言、神奇生动的画面将其中的奥秘娓娓道来，多角度地向少年儿童展示神奇世界的无穷奥秘，引领少年儿童进入一个生机勃勃、变幻无穷、具有无限魅力的科学世界，让他们在惊奇与感叹中完成一次次探索并发现世界奥秘的神奇之旅，让他们逐渐领悟其中的奥秘、感受探索与发现的无穷乐趣。

此外，本套丛书特别注重科学知识、人文素养及现代审美观的有机结合，3000多幅精美的图片立体呈现了科学的奥秘，书末的"脑力大激荡"充分检验孩子们的阅读能力，而精美的装帧设计，新颖有趣的版式，富有真善美相融合的内涵，使本套丛书变得更加生动、活泼、好看。希望本套丛书能够成为少年儿童亲近科学、热爱科学和学习科学必不可少的科普读物。

　　"芳林新叶催陈叶，流水前波让后波。"相信阅读"探秘世界系列"丛书的小读者们一定会从中获得更多的新感受、新见解。未来的社会主要是人才的竞争，未来的世界等着你们去创造，去发现，你们一定能成为未来社会的精英，成为推动世界科学技术发展的强劲后波。

中国自然科学博物馆协会理事长　　**徐善衍教授**
清华大学博士生导师

# 目 录
## Contents

感知次声波的美丽杀手——水母/2

忍痛割爱的神刀手——螳螂/6

天才数学家兼设计师——蜜蜂/10

自然界的清道夫——屎壳郎/14

能自动调节体温的蝴蝶/18

蚜虫的天敌——瓢虫/22

改变历史的蚂蚁/26

"怀孕"的海马爸爸/30

与人共舞的鲸鲨/34

牙齿在发光——可怕的大白鲨/38

美声歌唱家——"飞天"树蛙/42

热带雨林中的核弹
　　　——致命箭毒蛙/46

茫茫大海中的老寿星——海龟/50

真情假意难辨的鳄鱼/54

领地上的顶级掠夺者
　　　——科莫多龙/58

世界上真实的狂蟒之灾/62

沙漠毒王——响尾蛇/66

象征国家精神的神鸟——鹰/70

鸟类中的"模范夫妻"——信天翁/74

百鸟之王——孔雀/78

不会患脑震荡的森林医生——啄木鸟/82

水手们的忠实朋友——海鸥/86

身穿燕尾服的"绅士"——企鹅/90

澳大利亚独有的跳高健将——袋鼠/94

会飞的活雷达——蝙蝠/98

海上智叟——海豚/102

不怕高血压的长颈鹿/106

御敌有术的斑马/110

有情有义的大力士——大象/114

森林的宠物——松鼠/118

中国的国宝——大熊猫/122

洪水中救子的红毛猩猩/126

势在必得——群狼在行动/130

动物界的智多星——狐狸/134

陆地上的短跑冠军——猎豹/138

小心，森林大猫在行动/142

草原霸主——雄狮/146

海洋中的巨无霸——鲸/150

脑力大激荡/154

2

探秘世界之旅
现在开启

# 感知次声波的
# 美丽杀手——水母

学名：水母。
家族：刺胞动物门。
分布：世界各地的水域中。
种类：全世界已知的有200余种。

　　水母是一种低等的海产无脊椎浮游动物，它们的出现时间比恐龙还早，可追溯到6.5亿年前。水母的种类很多，大部分水母的直径为10～100厘米。

　　水母身体的主要成分是水，其体内的含水量可达97%以上。水母由内、外两个胚层组成，两层之间有一个很厚的中胶层，不但透明，而且具有漂浮作用。水母运动时，会利用体内喷水反射而前进，就像一顶圆伞在水中漂游。

## 比鸟类都强的"视力"

　　水母的眼睛特别大，也非常灵敏。有的水母的眼睛直径可达20厘米，眼睛的长度占身体的三分之一。此外，它们的瞳孔很大，能将更多的光线接收到眼部。科学家认为，水母的"视力"胜过鸟类。

### 会发光的水母——栉水母

许多水母会发光。栉水母在海中游动时，长长的触手在海水中飘曳，同时发出耀眼的蓝光。

栉水母的周围和中间部分，分布了几条平行的光带。游动时，它弯曲前进，左摆右动，蓝光唤衬出清晰的轮廓，真是千姿百态，优美动人。

栉水母的发光原理与其他动物体内的发光系统不同，主要依靠一种奇妙的蛋白质。栉水母体内这种蛋白质的含量越多，其发出的光就越强。

## 美丽的杀手

水母的长相虽然美丽，但性情十分凶猛。在伞状体的下面，那些细长的触手是它的消化器官，而这些触手也是它的武器。在触手的上面布满了刺细胞，像毒丝一样，能够射出毒液。猎物被蜇以后，会迅速麻痹而死。触手将这些猎物紧紧地抓住，用伞状体下面的息肉吸住，迅速将猎物体内的蛋白质分解。因为水母没有呼吸器官和循环系统，只有原始的消化器官，所以捕获的食物会立即在腔肠内被消化吸收。

位于马来西亚至澳大利亚一带的海峰水母和曳手水母的毒性很强。如果谁被它们蜇了的话，在几分钟之内就会死亡。因此，它们又被人们称为"刺手水母"。

## 水母的顺风耳

随着夏季的到来，原本平静的东海将不时地有风暴掠过。这天早晨，阳光明媚，海水荡漾，一切都似乎很平常。温暖的海面上漂浮着一把把透明的小伞，它们是正在悠闲觅食的水母。水母们懒洋洋地漂在海面，享受着阳光的抚摸，静静地等待小鱼、小虾和浮游生物送上门来。一旦有小鱼游到身边，它们就会伸出触手上的小刺丝刺进猎物身体里，释放一种毒素把猎物毒晕甚至毒死，然后再把食物送到嘴里吃下去。碧蓝的海洋里，许多水母聚合在一起，场面非常壮观。

突然，海水中传来细细的"沙沙沙"的声音，慢慢地，变成了"隆隆隆"的声音。海水也轻轻颤了颤，然而天空依然宁静如初。很快，这些水母们收起了小伞，沉入了大海深处。刚才还热闹拥挤的海面，瞬间寂静下来。片刻之间，狂风卷起巨浪抛向空中，又重重地摔下。风暴席卷而来，而水母们已经躲到安全的深海地带。

水母们为什么能在风暴到来前就提前躲避呢？

## 风暴预测仪的由来

水母是能听到台风与海浪之间产生的次声波的海洋生物之一。海边的渔民经过长期的生活经验积累，发现了水母预报风暴的功能。当他们看到栖息在岸边的水母们纷纷游向大海时，便停止捕鱼，早早地采取相应的措施，将风暴造成的损失降到最低。

借助现代科技，科学家们模拟水母感受次声波的器官制成了水母耳风暴预测仪。这种仪器由喇叭、接收次声波的共振器、把振动转变为电脉冲的压电变换器以及指示器组成。将这种风暴预测仪安装在船舰的前甲板上后，喇叭会做360度旋转。当风暴仪接收到8～13赫兹的次声波时，喇叭就会自行停止旋转。喇叭所指的方向就是风暴来临的方向，而指示器上的读数则表明风暴的强度。在水母耳风暴预测仪的帮助下，海边的人们能提前15小时左右预知风暴，并提前做好准备，这对航海和渔业的安全都具有重要意义。

水母们的伞缘里有一块小小的听石。次声波冲击着听石，听石再刺激"球"壁内的神经感受器，水母们便可以感受到风暴来临前远处风和海浪摩擦产生的特别的声音。于是，水母们就能在风暴到来前沉入深海区。

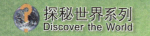
# 忍痛割爱的神刀手
## ——螳螂

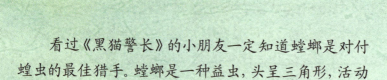

学名：螳螂，也称刀螂。
家族：节肢动物门昆虫纲螳螂目。
分布：广布世界各地，尤以热带地区
　　　为多。
种类：全世界已知的约有1580种，中国
　　　已知的约有50种。

　　看过《黑猫警长》的小朋友一定知道螳螂是对付蝗虫的最佳猎手。螳螂是一种益虫，头呈三角形，活动起来非常自如。螳螂主要以各类昆虫和小动物为食，在田间和林区能消灭不少害虫。当然，小朋友们也会记得黑猫警长破获螳螂家中的谋杀案的故事情节。看完故事后，大家都知道螳螂姑娘是被冤枉的。把它的丈夫吃掉，其实并不是它的本意，它真的是为了自己的孩子而忍痛割爱啊！

## 高超的测速仪

螳螂有一对复眼，每只复眼由几千只小眼组成。科学家认为，螳螂的眼睛是一种高超的测速仪。当小飞虫急速运动时，螳螂的复眼中就形成了这样一部电影：小飞虫从一个小眼到达另一个小眼，有的小眼先看到飞虫，有的小眼后看到飞虫，这些信号不断传给大脑。因此，螳螂看到的小飞虫的运动并不是连续的，而是由一个个镜头组成的"电影胶片"。因此，螳螂不但能看清小飞虫，还能准确感受到小飞虫飞行速度的快慢。

## 复杂的求偶仪式

1984年，里斯克和戴维斯两名科学家在实验室里观察大刀螳螂交尾，但是他们做了一些改进：事先把螳螂喂饱，并把实验室的灯光调暗，让螳螂自得其乐。这两位科学家没有在一旁观看，而是用摄像机记录这一过程。结果出乎意料：在30场螳螂的交配过程中，没有一场出现了吃"夫"现象。此外，两位科学家还通过摄像机记录了螳螂复杂的求偶仪式：雌雄螳螂双方翩翩起舞，向雌螳螂求偶的整个过程短的只需10分钟，长的则达2小时。科学家认为，以前人们之所以频频在实验室观察到螳螂吃"夫"，原因之一是在直接观察的情况下，失去"隐私"的螳螂没有机会举行求偶仪式，而这个仪式恰恰能消除雌螳螂的恶意，是雄螳螂与雌螳螂能成功地交配所必须经历的过程。另一个原因是在实验室里喂养的螳螂经常处于饥饿状态，雌螳螂饥不择食，就会把丈夫当成美味饱餐一顿。

## 螳螂捕蝉

　　"知——了，知——了……"炎炎夏日，一只壮年雄蝉正挂在树上，展示着它雄浑的歌喉。灼热的阳光烤得天地万物似乎都没了精神，四周一片寂静，蝉的叫声显得格外洪亮，甚至有些刺耳。在蝉的身后，一片绿色的树叶不经意间晃动了一下，马上又恢复了平静，似乎是阳光反射造成的结果，又好像是眨眼时产生的错觉。

　　蝉继续歌唱，它希望能凭借自己的歌声引来异性的注意。然而，危险离它越来越近。那片特殊的"树叶"向蝉所处的位置逐步靠近。瞧，三角形的小脑袋、尖尖的下巴、大大的眼睛，头上两根银色的触须轻微地颤动着。绿油油的身体隐藏在树叶中，与周围的颜色浑然一体，不仔细看，还真的发现不了它的存在。

因为螳螂的体色与树叶的颜色完全一致。

蝉为什么没有发现身后的螳螂？

　　螳螂已经很接近雄蝉了。一瞬间，它那原本折叠在一起的前足完全伸展开来，就像两把锋利的镰刀。雄蝉感受到了身后危险的信号，刚才还有些炫耀的歌声变得无比的惊慌失措。它根本来不及回头张望，只想着展开两翼，迅速远离这一危险区域。但是，"猎人"螳螂将身体拉成了一条绿色的直线，箭一般地射向雄蝉，两只带刺的、强有力的前足硬生生地将想要飞向空中的雄蝉拉了下来，牢牢地钳住，任凭雄蝉怎样挣扎都无济于事了。

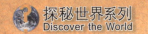
# 天才数学家兼设计师
# ——蜜蜂

学名：蜜蜂。
家族：节肢动物门昆虫纲膜翅目。
分布：世界各地。
种类：全世界已知的约有1.5万种，
中国已知的约有1000种。

## 蜜蜂为什么要寻找蜜源

暮春时节，草长莺飞，百花争艳，大地呈现一派欣欣向荣的景象。树林深处，一个蜜蜂家族此时也忙着酿蜜育幼。近段时间，由于家族成员增加得太快，旧舍有些不够用。为了让家族的成员生活得更好，老蜂后决定带着一些孩子离巢，另择一个好地方，继续家族忙碌而甜蜜的事业。找一个新家不容易，一定要确定其周围有足够的蜜源才行。要完成这样的工作，必须要先派出侦察蜂去探路。

## 蜜蜂的美丽舞蹈

　　出发前，侦察蜂的头部冲着蜂巢飞舞了一会儿，然后它们扑扇着翅膀，成群结队地往远处飞走了。凭着头上的那对敏锐的触角以及三只单眼和两只复眼，这群蜜蜂很快就在槐树林里找到了一个适合安家的地方。这里的蜜源非常丰富，真是个营造新家的好处所！侦察蜂在此稍事休息，先吃点花蜜，同时用它们特殊的复眼仔细观察太阳的位置，以确定蜜源相对于蜂巢的方向和位置。现在，这群侦察蜂已经对自己所处的位置了然于胸，于是它们原路返回蜂巢，去迎接老蜂后。

　　为了读懂蜜蜂的舞蹈，科学家们在蜜蜂背上放置了微型雷达进行跟踪，发现蜜蜂的各种舞蹈代表不同的意义：当花丛距离蜂巢不到100米时，它们会在蜂巢上交替地向左或向右转着小圆圈爬行。如果花丛距离蜂巢100米以上时，侦察蜂便会改变舞姿，跳起"8"字形舞或"摆尾舞"。而且，它们跳舞的时间越长，表示距离越远。

　　当侦察蜂跳"8"字形舞时，如果头朝上，那就表示"朝太阳的方向飞，就是采蜜的方向"；如果头朝下，就代表"朝与太阳相反的方向飞，才是采蜜的方向"。所以，如果碰上坏天气，阴云密布，没有太阳，蜜蜂就没法辨别方向，也就不会出去采蜜了。

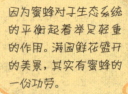

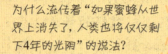

为什么流传着"如果蜜蜂从世界上消失了，人类也将仅仅剩下4年的光阴"的说法？

因为蜜蜂对于生态系统的平衡起着举足轻重的作用。满园鲜花盛开的美景，其实有蜜蜂的一份功劳。

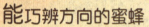

## 能巧辨方向的蜜蜂

为了生存，蜜蜂经常要飞到距离蜂巢很远的地方去寻找蜜源，然后准确地返回，基本上不迷失方向。人类开始研究蜜蜂为何具有这种超强的辨别方向的能力。后来，科学家发现，蜜蜂能够辨别方向的原因主要有两点：一是蜜蜂能够巧用偏振光，随时根据太阳定位；二是蜜蜂腹部前方具有对磁敏感的物质，能感知、分析和判断地磁力、磁倾角和磁偏角，并能感知它们的强度变化，从而利用地磁导向。受蜜蜂用偏振光定向的启发，科学家研制出偏振光定向器——偏振光天文罗盘。这种偏振光罗盘的优点是，只要能捕捉到来自太阳的偏振光，就可以利用偏振光来准确定向。有了这种仪器，即使到了南极和北极地区，人们也不用担心迷失方向了。

## 蜜蜂的伟大功劳

蜜蜂最大的功劳并不在上述所说的这些本领，而是它们对植物进行授粉的作用。勤劳的小蜜蜂到花间采蜜的时候，身上就会粘上花粉，当它们飞到另一朵花上时，花粉会掉落下来，于是也就完成了授粉，确保了植物的繁殖和生存。因此，蜜蜂对于生态系统的平衡起着举足轻重的作用。可以说，蜜蜂授粉对自然界的巨大贡献是人类和其他任何生物都无法替代的。

## 天才数学家兼设计师

为了哺育幼虫、贮藏蜂蜜和花粉，蜜蜂都会搭建蜂巢。每个蜂巢约由5万个蜂房组成，居住35000多只忙碌的蜜蜂。众所周知，蜂巢呈六角形。但是，为什么蜜蜂要把蜂巢筑成六角形，而不是其他形状呢？科学家们研究后发现：筑成六角形的蜂巢，可以用最少的材料建造出尽可能多的居住空间，如果蜂巢呈圆形或八角形，会出现空隙；如果是三角形或四边形，则材料就要增加，面积也会减小。18世纪初，法国学者马拉尔奇曾经专门测量过大量蜂巢的尺寸，令他感到惊讶的是，这些蜂巢组成底盘的菱形的所有钝角都是109°28′，所有的锐角都是70°32′。后来经过法国数学家克尼格和苏格兰数学家马克洛林从理论上计算，如果要耗费最少的材料制成最大的菱形容器，正是这个角度。从这个意义上说，蜜蜂称得上"天才的数学家兼设计师"。受蜂巢的启发，美国威斯康星州麦迪逊的聚合物研究中心研制出一种蜂窝结构的轮胎。尽管不如普通橡胶轮胎舒适，这种蜂窝轮胎却能大大提高汽车的防护性能。与传统轮胎相比，蜂窝轮胎不用充气，即使在热带地区也不用担心胎压过大而爆胎的问题。

# 自然界的清道夫
# ——屎壳郎

学名：蜣螂。
家族：节肢动物门昆虫纲鞘翅目。
分布：除南极洲外的世界各地。
种类：全世界已知的有2300多种。

你知道夜游将军指的是哪种动物吗？

我们生存的这个世界，或许可以说是建立在屎壳郎的辛勤劳作之上的。为何这么说呢？

世界上的任何地方，只要有动物存在，就会留下大量的粪便。想象一下，如果这些粪便得不到及时清除，这个世界将很快变得臭气熏天，无法生存。整个地球将在短短数日内变成一个大便堆积场。因此，就从这一点上说，无论人们如何赞美和歌颂屎壳郎们，都不过分。

## 神圣的甲虫

在古埃及人的眼里，屎壳郎是一种神圣的动物。埃及人相信，在空中有一只巨大的蜣螂，名叫克罗斯特，是它用后腿推动着地球转动的。在埃及，到处可见它的图腾商品、形象、文字。在那里，它不仅是避邪的护身吉祥物，也是象征生命不朽及正义的物品。另外，埃及还流传着《鹰和蜣螂》的寓言故事，这个故事告诉我们，弱者可以向强者挑战，只要不屈不挠，坚持战斗，最终定会取得胜利。此外，据说古埃及人是从屎壳郎的孵育室里得到启发，而找到了防止法老遗体腐烂的方法的。

## 消灭粪便的环保工作者

屎壳郎并非自觉自愿地献身于地球的环保事业，这一家族兴旺发达的原因，主要还是粪便这一资源的高产量。人们根本无法统计全世界每天的产粪量，包括人在内的大大小小的动物都是这一资源的供给者。

不同地区的屎壳郎还有着不同的口味。比如，澳大利亚的屎壳郎就对袋鼠粪情有独钟，而对牛粪不感兴趣。但是，澳大利亚是个养牛大国，这些牛每天要排出大量粪便，覆盖着百万英亩的草场，同时牛粪还滋生蝇蛆，整个草场环境很不卫生。这是一个令人不得不去解决的大问题。牛是大洋洲的引进物种，大洋洲原有的屎壳郎只喜欢吃袋鼠粪，而从不涉及牛粪，这也导致牛粪无法腐化并进入下一轮生物循环。1982年，澳大利亚政府从中国引进了专推牛粪的屎壳郎，终于在大洋洲建立起新的生态平衡。

## 专推大象粪便的非洲屎壳郎

　　大雨过后，大象贪婪地享用着新生的植物，可是消化系统难以承受这突然增大的负荷，不少吞下去的食物又随着粪便返回到地面上。每天，大象们在非洲平原上留下数百吨象粪。不过不用担心，它们后面跟随着屎壳郎大军。从雨季一开始，屎壳郎们就成堆地聚集在象粪上，有时一团象粪上竟扑着40多只屎壳郎及4万多只其他甲虫。

　　非洲大陆上主要有两种屎壳郎：一种是圣甲虫，它的技巧是将粪便滚成一个小小球，推到安全的地方去享用。圣甲虫那训练有素的口器，推起象粪来就像一台滚轧机一样从纤维中分离出美味淳浆来。另一种是巨蜣螂，它先是在地面上大吃，然后再着手在地下挖一个小小的"贮藏室"，把象粪推到里面紧紧地封好。屎壳郎的这一行为使得当地的土壤更加肥沃。

你知道为什么古埃及人会把屎壳郎当作吉祥物吗？

## 一心护犊的屎壳郎妈妈

雌屎壳郎一直不停地忙着。瞧，它已经滚好了两个孵化球，又开始制作第三个球了。每做完一个粪球，雌屎壳郎用前足把粪球分开，在球体内放入一个它产下的约2毫米长的虫卵。然后，它用前足轻轻地拍打纤维性的食料，同时用它的后脚转动着小球，就这样一边拍打，一边转动，粪球越来越光滑。于是，虫卵被封闭起来，这样既能防水，又能避免坏死。球内的幼虫把身体镶嵌在一个固定的位置上，在妈妈的帮助下不停地转动，不停地进食。

雌屎壳郎总是不断地依次滚动着它的每个孵化球，并慢慢地用土把它们盖起来。它来回地翻滚，以便使每个小球都能与潮湿的地面接触。雌屎壳郎伸出后腿，比量着每个球的大小，这对于保持每个子女有足够的食物是至关重要的。雌屎壳郎用土覆盖着小球，这层外衣保证里面的幼虫在适当的温度和湿度里生长。

经过几个小时的不停滚动，小球包上了一层红色的黏土，它保护着里面的小屎壳郎。6天后，虫卵将孵化成小屎壳郎，开始新的生命历程。

因为他们认为"屎壳郎总是辛勤劳作，排除万难，滋养肥沃的土地"。

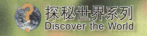
# 能自动调节体温的蝴蝶

学名：蝴蝶。
家族：节肢动物门昆虫纲鳞翅目。
分布：广布世界各地，大部分分布
　　　在美洲。
种类：全世界已知的大约有14000种。

　　所有的蝴蝶都是美丽的化身，都有它们不平凡的色彩。它们扇动翅膀时的那种优雅，那种安逸，那种横空出世的感觉，深深地印入每个人的脑海中。春天，百花齐放，鸟语花香，大地上的万物都开始苏醒。春天，也是蝴蝶活动比较频繁的季节，它们也像蜜蜂那样为花儿们传粉，只不过它们是无心插柳而已。当一大群蝴蝶展翅飞舞的时候，就好像漫天飞落的花瓣，洋洋洒洒，犹如一片花的海洋，成为空中一道靓丽的风景线。有时，你甚至分不清到底是蝴蝶美丽，还是花朵本身，但是我们可以肯定的是，花朵永远无法像蝴蝶一样，形成春天流动的色彩。

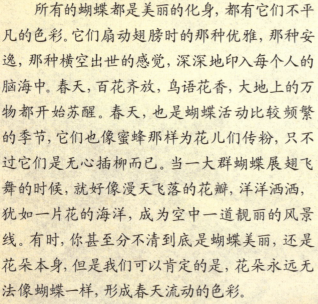

## 自身的热转换器——蝴蝶的鳞片

时值正午，太阳直射下来，天气有些炎热，很多在外面活动的动物都鸣金收兵，回去休整。而彩色精灵——蝴蝶还扑扇着美丽的翅膀，在花丛中流连忘返，用长长的口器吸食香甜的花蜜。难道蝴蝶不觉得天气很热吗？科学家研究发现，原来蝴蝶的全身覆盖着密密的鳞片，这些鳞片起到了重要的控温作用。阳光直射时，蝴蝶的翅膀上、躯干上那些很小的鳞片已经自动地张开，减小了自身对阳光热能的吸收量。到了下午，天气渐渐转凉，蝴蝶的鳞片也相应地自动闭合，让阳光直接照射到鳞片上，以便吸收足够多的热量。总之，不管外界气温如何改变，蝴蝶的鳞片就像热转换器一样，自有应对良方。

我知道。最大的蝴蝶是鸟翼蝶，展翅时可达30厘米；最小的蝴蝶是小灰蝶，展翅时只有1.6厘米长。

你知道世界上最大的蝴蝶有多大，最小的蝴蝶有多小吗？

## 以人血为食的蝴蝶

巴拿马素有蝴蝶王国之称，那里有一种黑蝴蝶，翅膀张开时像蝙蝠一样大。一般的蝴蝶都吸食花蜜，而这种黑蝴蝶喜欢吸食动物的血，尤其喜欢吸食人血。那里的人们对这种黑蝴蝶非常反感，如果有人看见它们，就会认为是不祥之兆，必须马上跳进水里冲洗一番。

## 蝴蝶与人造卫星控温系统

人造卫星在预定的轨道上运行，随着位置的改变，在太空中时常要经受温度骤然变化的考验。当受到阳光的强烈照射时，人造卫星的表面温度会高达200℃；而在阴影区域，人造卫星表面的温度会下降至−200℃左右。受蝴蝶鳞片张合以调节温度的启发，科学家们设计出一种与之相似的特别适用于人造卫星的控温系统。这种卫星控温系统的外形犹如百叶窗。每个叶片包含辐射能力大的一面与辐射能力小的一面。百叶窗的转动部分由很灵敏的能热胀冷缩的热管导体控制。当温度上升时，热管导体会受热膨胀，叶片就会张开，将辐射、散热能力大的一面转向太阳，这样就可以散热降温。反之，如果温度下降，热管导体会冷缩，随即带动叶片收缩，把辐射、散热能力小的一面转向太阳，这样就可以起到保温的作用。很多国家都积极将这种技术应用于人造卫星上。我国也不例外，2009年3月1日，"嫦娥"一号卫星成功撞月，其热控系统的设计制作就是受了蝴蝶鳞片的启发。

## 蝴蝶与蝶泳

从外形看，游泳运动员采用蝶泳这一泳姿，就好像蝴蝶一样在泳池里展翅飞舞。但实际上，蝶泳是由蛙泳变形而来的。1924年至1933年期间，蛙泳最大的革新是划水结束后两臂由水中前移改为由空中前移，但仍采用蛙泳的蹬夹动作，于是出现了蝶泳。蝶泳最早出现在1933年，美国人亨利·米尔斯在布鲁克林青年总会比赛中，首先采用两臂从空中移向前方，脚做蛙泳蹬水动作的泳姿。直到1952年第15届奥运会后，国际泳联才将蛙泳和蝶泳分开，于是产生了正式的蝶泳项目。蝶泳与蛙泳分开后，蝶泳技术得到了很快的发展。1953年5月31日，匈牙利运动员乔治·董贝克首先创造了蝶泳世界纪录。在2008年北京奥运会上，中国运动员刘子歌以2分04秒18的成绩打破世界纪录并夺得女子200米蝶泳冠军，取得了第28届奥运会中国泳军的又一突破。

## 会变形的蝴蝶

在南美，有一种卡里果蝶，它的后翅上的图案很像猫头鹰的头，上面还有一双圆圆的"贼眼"。如果它们飞行时碰到小鸟，会立即头部向下，把后翅朝上张开。小鸟看到后，以为遇到猫头鹰，会吓得赶紧逃走。

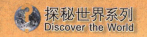
# 蚜虫的天敌
# ——瓢虫

学名：瓢虫。
家族：节肢动物门昆虫纲鞘翅目。
分布：世界各地。
种类：全世界已知的超过5000种，
　　　栖息于北美洲的超过450种。

每年五六月间，在我国著名的海滨度假胜地北戴河附近的局部海岸边，有红树、红海、红岸的奇观。但仔细观察，原来在树上悬挂的、海上漂浮的、岸上平铺的，都是一只只美丽的、红色的昆虫，它们就是专吃害虫的功臣——瓢虫。

瓢虫会捕食任何肉质嫩软的昆虫，不过它最喜欢吃的就是蚜虫。据统计，一只瓢虫一天可以吃掉150～200只蚜虫，相当于自身体重的30~35倍。

## 瓢虫母子俩不像

瓢虫妈妈长得很漂亮，看起来挺斯文的；但是，瓢虫宝宝长得很难看，看起来凶巴巴的。不过，别看它们长得不像，它们的的确确是一家子。

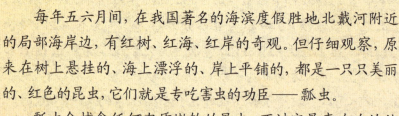

### 瓢虫的捕食战术

瓢虫捕食蚜虫的战术非常高明，能对不同的蚜虫采用不同的战术。当瓢虫捕食棉蚜时，它以轻盈的动作向上爬行，因为棉蚜喜欢沿着棉花杆向下爬，为瓢虫迎面送来美餐。当瓢虫吃掉面前的蚜虫后，其他蚜虫因为拥挤就连忙挤过来补上这个位置。这样，瓢虫就可以坐享其成，从容不迫地就餐了。

### 瓢虫都是益虫吗

根据食性，瓢虫可分为植食性与肉食性两大类群。

植食性瓢虫以植物为食，种类较少，约占瓢虫种类的五分之一，对人类有害，被人类称为害虫。

肉食性瓢虫占绝大多数，以捕食农业害虫为主，多以各种蚜虫、介壳虫、粉虱、叶螨以及其他节肢动物为食。

# 七星瓢虫

七星瓢虫是肉食性瓢虫的一种，它的体长不足7毫米，呈卵圆形；背部拱起似半球，头黑色，顶端有两个淡黄色斑纹，前胸呈黑色，足呈黑色，密生细毛。鞘翅红色或橙黄色，上面有七个黑斑，所以叫作七星瓢虫。它是捕食蚜虫的好手，特别喜欢吃棉蚜、麦蚜、菜蚜、桃蚜。据统计，一只七星瓢虫平均每天能吃掉138只蚜虫，所以农民利用它来治虫。

## 瓢虫强大的自卫能力

**化学武器** 七星瓢虫有较强的自卫能力，虽然身体只有黄豆那么大，但许多强敌都对它无可奈何，原来它的三对细脚的关节上有一种"化学武器"。当遇到敌害侵袭时，三对细脚的关节上就会分泌出一种极难闻的黄色液体，使敌人因不好受而仓皇逃走。

**装死** 七星瓢虫还有一套装死的本领。当遇到强敌或感到危险时，它就立即从树上落到地下，把它那三对细脚收缩在腹部下面，并躺下装死，以瞒过敌人而达到求生的目的。尽管如此，瓢虫也有难以对付的敌人，那就是蜘蛛。蜘蛛会用蛛丝把它团团围住，将其困死在蛛丝网内，然后慢慢地享用美餐。

我要你猜一种动物：尖尖的头，大肚子，外翅灰色，内翅彩色。它是什么动物呀？

我知道，是七星瓢虫，俗称花大姐。

## 瓢虫与大众甲壳虫汽车

　　大众甲壳虫是世界上首款根据仿生学设计的小轿车，从1938年上市以来一直是世界上相当流行和相当受人喜爱的汽车，今天在世界各地仍然有几百万辆甲壳虫汽车行驶在路上，它们之中几乎包括了几十年来甲壳虫的所有车型。

　　甲壳虫是德国近代汽车之父费迪南特·波尔舍的创意。1934年1月，波尔舍向政府有关部门提出一份为大众设计生产汽车的建议书，很快获得批准和支持。他根据流体力学和仿生学原理，创造出了令人惊艳的甲壳虫车型，它车如其名，圆润的外形就像一只可爱的甲壳虫，能立刻吸引人们的注意和好感。除了减少风阻之外，甲壳虫的车型设计还与当时的时代背景有关。20世纪30年代是全球经济衰退期，在这样资源紧缺的年代，甲壳虫用最少的材料打造出了最大的车内空间，值得称道。

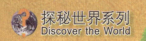
# 改变历史的蚂蚁

学名：蚂蚁。
家族：节肢动物门昆虫纲膜翅目。
分布：世界各地。
种类：全世界已知的约有11700种，
只占蚂蚁种类的一半，中国已
知的有600多种。

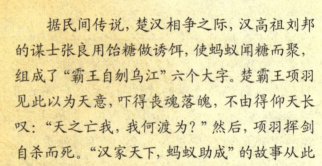

据民间传说，楚汉相争之际，汉高祖刘邦的谋士张良用饴糖做诱饵，使蚂蚁闻糖而聚，组成了"霸王自刎乌江"六个大字。楚霸王项羽见此以为天意，吓得丧魂落魄，不由得仰天长叹："天之亡我，我何渡为？"然后，项羽挥剑自杀而死。"汉家天下，蚂蚁助成"的故事从此流传开来。而张良正是利用蚂蚁嗜甜这一习性，智取刚愎自用的楚霸王，可谓妙用兵法，棋高一着。当然，蚂蚁也就成为改变历史的始作俑者了。

## 蚂蚁与蝴蝶的生死之交

英国的田野上出现了一桩怪事：有一种叫伊莎贝拉的蓝色蝴蝶忽然间变少了，不知不觉中，它们的倩影在春日的暖阳中消失了。科学家经过广泛的调查研究，终于发现这种蓝色蝴蝶的绝迹，与两种蚂蚁的灭绝息息相关。因为这两种蚂蚁与蓝蝶之间存在着生死与共的关系。

成熟的蓝蝶个头比较小，而它们的幼虫会分泌一些蜜露，即一些挥发性物质，能散发出特殊的香味。蓝蝶幼虫分泌的这些蜜露就是蚂蚁最爱的美食。每当闻到这种香味后，蚂蚁就爬到蓝蝶的幼虫处尽情享受。

当然，蚂蚁也不是白吃白喝的。当它在草地上发现蓝蝶产的卵时，马上派工蚁来照顾这些幼小的生命，等待它们的孵化。蓝蝶的幼虫是以树叶为食的，每当吃完一片新树叶，蚂蚁们就把它抬到另一片新叶上，让它吃个饱。

然而，推土机把这些蚂蚁的栖息地给摧毁了，从而也就使这两种蚂蚁绝迹。而与蚂蚁相依为命的蓝蝶也随之消失，只给人们留下了美好的回忆。

在南美洲的热带雨林中，切叶蚁很重要吗？

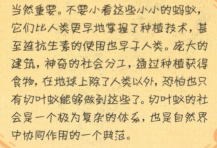

当然重要。不要小看这些小小的蚂蚁，它们比人类更早地掌握了种植技术，甚至连抗生素的使用也早于人类。庞大的建筑，神奇的社会分工，通过种植获得食物，在地球上除了人类以外，恐怕也只有切叶蚁能够做到这些了。切叶蚁的社会是一个极为复杂的体系，也是自然界中协同作用的一个典范。

## 拥有社会分工的蚂蚁群落

回顾进化史的过去，最早的蚂蚁很可能是单独作业的。然而亿万年后，它们的种群越来越大，社会形态也越来越复杂。通过有序的分工，不断增殖的蚁群组成了一个有着非凡效率的超个体。这个秩序井然的社会的复杂程度，只有我们人类能与之媲美。瞧，大个子的工蚁排着长长的一队爬到树上，用大牙切下一片片树叶，然后又沿着来时的路返回蚁巢。全副武装的兵蚁们全神贯注地守在洞口，生怕放进一个入侵分子。"搬运工"们沿着蚁巢内弯弯曲曲的道路进入地下房间，这里就是它们的种植园了。清洁一番之后，最小的工蚁开始登场，它们把这些叶子碎片全部嚼烂，然后铺在菜园的地面上，整理成一块田地。接着，它们就把真菌的菌丝种在了地里。几天后，菌丝末端结出了一个个小球，这些就是切叶蚁最爱吃的粮食了。最小的工蚁把这些小球全都摘了下来，一一分发给幼蚁、搬运工、切割工、清洁工和兵蚁。大伙儿一起美美地分享着它们共同的劳动果实。

## 团结就是力量

在亚马孙河流域，生活着地球上最可怕的杀手。这并不是独行侠，而是一个兵团—— 一支由几千万只行军蚁组成的无敌的军队。这天早晨，行军蚁大军又要开赴一块新的战场了，今天的目标是宿营地附近的一条小溪的对岸。它们排成长长的一列，浩浩荡荡地向目的地进发。不一会儿，先头部队就到达了溪边。对于小小的行军蚁而言，这么浅浅的一条小溪也如同水流湍急的大河一般。行军蚁们没有惧怕。大个子的兵蚁首先站了出来，它们一个搭着一个，用自己的身体架起了一座桥梁，大部队从"桥"上急速通过，安全抵达了对岸。这个地方食物充足，行军蚁们立刻展开了大屠杀。昆虫、蜗牛、蜘蛛，所有遭遇它们的动物全都未能幸免。一支小分队碰上了一只大螃蟹。行军蚁的个头比螃蟹小得多，可是它们群起而攻之，这只全副武装的螃蟹也难以抵挡攻势，被活活地掏空了。所谓"团结就是力量"，这一点在小小的蚂蚁身上展现得淋漓尽致。

# "怀孕"的海马爸爸

学名：海马。
家族：脊索动物门硬骨鱼纲刺鱼目。
分布：大西洋、太平洋等海域。
种类：刺海马、管海马、克氏海马、
　　　斑海马、冠海马、小海马等。

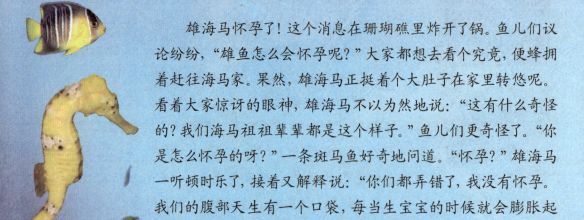

　　雄海马怀孕了！这个消息在珊瑚礁里炸开了锅。鱼儿们议论纷纷，"雄鱼怎么会怀孕呢？"大家都想去看个究竟，便蜂拥着赶往海马家。果然，雄海马正挺着个大肚子在家里转悠呢。看着大家惊讶的眼神，雄海马不以为然地说："这有什么奇怪的？我们海马祖祖辈辈都是这个样子。"鱼儿们更奇怪了。"你是怎么怀孕的呀？"一条斑马鱼好奇地问道。"怀孕？"雄海马一听顿时乐了，接着又解释说："你们都弄错了，我没有怀孕。我们的腹部天生有一个口袋，每当生宝宝的时候就会膨胀起来，这时候我的妻子就会把卵产在我的口袋里，宝宝就会在里面孵出来。不信你们瞧？"雄海马说着挺起了肚子。大伙儿一看，果然那上面有一个小小的开口，里面正躺着一枚枚晶莹剔透的海马卵呢。鱼儿们这才明白是怎么一回事了。

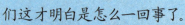

## 拥有育儿袋的海马爸爸

　　就这样，雄海马每天都带着它的卵。因为挺了个大肚子，游泳、觅食都变得很不方便。可是海马爸爸丝毫没有怨言，依然精心照顾着它的卵。20天后，小海马终于在爸爸的腹袋里孵化出来了。这时候海马爸爸用力收缩腹部，把小海马一只一只地从口袋里喷出来。在爸爸的精心照顾下，小海马们开始健康茁壮地成长。

　　海马为何会采用雄性"怀孕"这种特殊的生育方式呢？科学家们研究发现，那可能是因为雄海马具有一种特殊基因，使其腹部可以长出皮肤褶皱，继而发育成一个育儿囊。尽管这种方式看来古怪，但可以使海马夫妇节省繁殖后代的时间。当雄海马在孵卵时，雌海马就可以准备下一批卵了。

海马有什么用途呢？

海马可以入中药，特别是对于治疗神经系统的疾病较为有效。

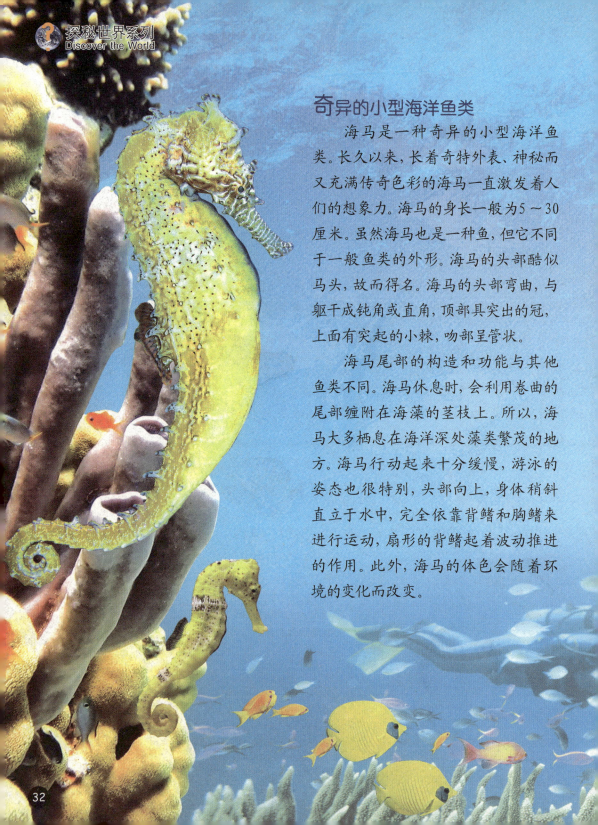

## 奇异的小型海洋鱼类

　　海马是一种奇异的小型海洋鱼类。长久以来，长着奇特外表、神秘而又充满传奇色彩的海马一直激发着人们的想象力。海马的身长一般为5～30厘米。虽然海马也是一种鱼，但它不同于一般鱼类的外形。海马的头部酷似马头，故而得名。海马的头部弯曲，与躯干成钝角或直角，顶部具突出的冠，上面有突起的小棘，吻部呈管状。

　　海马尾部的构造和功能与其他鱼类不同。海马休息时，会利用卷曲的尾部缠附在海藻的茎枝上。所以，海马大多栖息在海洋深处藻类繁茂的地方。海马行动起来十分缓慢，游泳的姿态也很特别，头部向上，身体稍斜直立于水中，完全依靠背鳍和胸鳍来进行运动，扇形的背鳍起着波动推进的作用。此外，海马的体色会随着环境的变化而改变。

## 古代建筑饰品

古时候，海马还是殿堂屋脊上的走兽。屋脊上面的走兽一般有九个，分别为龙、凤、狮子、天马、海马、狻猊、押鱼、獬豸、斗牛，但是在故宫的太和殿上，在斗牛之后增加了一个行什，表示规格之高。但各地方的建筑依从习惯，多不遵从官制。

## 大脑中的海马体

由于人体大脑里有个区域长得同海马的形状很像，所以人们称之为海马体。20世纪50年代，科学家发现大脑中的海马体在存储信息的过程中扮演着至关重要的角色——如果切除海马体，以前的记忆就会一同消失。海马体的神经细胞如何把信息固定下来呢？科学家发现，一些分子参与了记忆的形成。此外，神经细胞突触的形成也与记忆相关联。但是，科学家目前对于记忆的运作机制的了解还不全面。

大脑中的海马体主要负责学习和记忆（负责记忆的形成），日常生活中的短期记忆都储存在大脑的海马体中。如果一个记忆片段，比如一个电话号码或者一个人在短时间内被重复提及的话，海马体就会将其转存入大脑皮层，成为永久记忆。所以海马体比较发达的人，记忆力相对会比较强一些。存入海马体的信息如果一段时间没有被使用的话，就会自行被删除，也就是被遗忘掉了。有些人的大脑海马体受伤后，就会出现失去部分或全部记忆的状况。

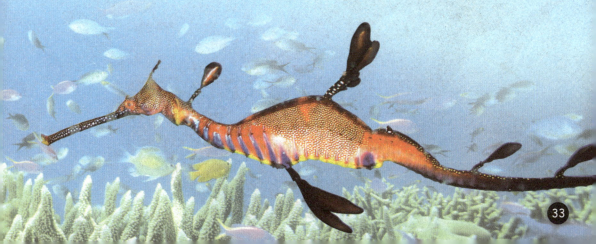

# 与人共舞的鲸鲨

学名：鲸鲨。
家族：脊索动物门软骨鱼纲须鲨目。
分布：热带和亚热带海域。
种类：1种。

　　鲸鲨是鱼，不是兽，俗称"大鲨鱼"。其体形不仅是250多个鲨鱼种类中的"一哥"，而且是海洋中最大的鱼类，体长一般为10米左右，最长的可达20米，体重达10～15吨，最重的可达到30吨左右。虽然鲸鲨具有宽大的嘴，不过它们主要以小型动植物为食，是一种滤食动物。古生物学家认为，这种鲨鱼大约出现在6000万年前，主要生活在热带和亚热带海域中。鲸鲨的寿命大约为70年。

## 背部有星星的鱼

1828年4月，鲸鲨首次被生物学家确认。当时，一条长4.6米的鲸鲨在南非桌湾被人们捕获从而得以确认。这条鲸鲨的特征在隔年由居住在开普敦的英国陆军医生安祖鲁·史密斯提出。1849年，他才公开更多有关鲸鲨的细节。鲸鲨的长相很有趣，身体长而粗大，前部平扁，从第一背鳍以后渐细小，背面微凸，腹部平坦；口很宽大，眼睛很小；身体呈褐色、青褐色或灰白色，上面有许多黄色斑纹横纹。因为鲸鲨的背部有很多斑点，所以印度尼西亚的爪哇人将鲸鲨称为"背部有星星的鱼"。

## 渐进式生产的鲸鲨

鲸鲨是难以研究的鱼类，尤其是对交配、生产的鲸鲨，观察起来更为困难。曾有资料记录，一尾怀孕的鲸鲨体内怀有超过300尾的胎仔，这可能是软骨鱼类中每胎孕子数量最高的种类。尽管成熟的鲸鲨有不少被渔民捕获，但渔民很少发现怀孕的鲸鲨。由此，科学家推测鲸鲨十分晚熟，而且怀孕的概率很低。

一份对鲸鲨胚胎的分析表明，雌性鲸鲨是一种渐进式生产的滤食性鱼类，交配一次，能够存储大量的精子。渐进式的生产，使雌性鲸鲨一次能携带更多的胚胎，而且一次只产少量幼仔，并分散在不同的地方，降低了被捕食的风险。其他种类的鲨鱼往往一次产下大量的幼仔，这可能导致它们的后代成为掠食者的美味。

世界上鲸鲨分布最密集的地区是哪里啊？

## 拥有过滤器的大宽嘴

鲸鲨的口腔里约有3000颗细小的钩状牙齿，每颗牙齿大约长2～3毫米，排成11～12排，排列在上下颌。这些牙齿至少一年更换两次。那么倘若鲸鲨的寿命和人类相等的话，它真的称得上是牙齿更换率最高的动物了。

与其他鲨鱼不同，鲸鲨的牙齿细小，没有咬切咀嚼的能力。因此它们主要靠嗅觉来寻找浮游生物或鱼类这些目标，而它们的牙齿并不具备觅食的功能。鲸鲨主要以浮游生物、巨大的藻类、磷虾、小型乌贼等为食。此外，它们的口腔里有一个巨大的过滤器，这个类似过滤器般的器官是鳃耙的独特变异，可以阻止任何大于2～3厘米的物体通过，液体则被排出。任何被过滤器阻塞的物体会被鲸鲨吞下去。

我知道，菲律宾是世界上鲸鲨分布最密集的地区。

## 鲸鲨口腔中过滤器的工作原理

鲸鲨吸进一口海水，闭上嘴巴，然后通过鳃来排出多余的海水。在嘴巴关闭与鳃盖打开之间的短暂期间，浮游生物就被排列在鳃与咽喉上的皮质鳞突所阻挡。然后，鲸鲨把这些食物吞入肚中。有时，鲸鲨可能会"咳嗽"，科学家推测这是它清理累积在鳃耙中的食物的方式。鲸鲨在觅食时并不向前游动，而是上下摆动着，吸入、排出海水来获取食物。这一点与姥鲨完全相反。姥鲨是温和的滤食者，而且不会吸入海水，它们靠着游泳迫使海水通过鳃来过滤食物。

## 与人共舞的鲸鲨

虽然鲸鲨样子凶猛，且拥有巨大的身躯，不过它不会对人类造成重大的危害。它们经常被科学家用来举例，不是所有的鲨鱼都会"吃人"。实际上，鲸鲨性情较温和，不像其他凶猛鲨鱼那样嗜血，对人还颇友善，还会与潜水人员嬉戏、共舞。据记载，1965年，美国几位潜水员在水下与鲸鲨相遇，曾爬上其背脊，它毫不在乎，只在拨动它的脸皮时才做出反应。因此，潜水人员可以与这种巨大的鱼类一同游泳而不会遭受任何危险。当然，一旦鲸鲨遇到袭击，它也会发火，尾巴一甩，就能将渔网打穿，把小渔船掀翻。

# 牙齿在发光
## ——可怕的大白鲨

学名：大白鲨。
家族：脊索动物门软骨鱼纲鲨形总目。
分布：世界各地温带和热带的海域。
种类：1种。

1975年，斯皮尔伯格执导的电影《大白鲨》让人们认识了大白鲨。这种4亿多年前就存在的海中霸王给人以嗜血、凶残的印象。鲨鱼有极其灵敏的嗅觉，在几千米之外的海域中它就能闻到血腥味。有人测定，1米长的鲨鱼的嗅膜总面积可达4842平方厘米，可以嗅出水中百万分之一浓度的血腥味。其实嗜血的鲨鱼只是鲨鱼类中为数不多的几种，以大白鲨最为著名。

## 与渔网搏斗的大白鲨

辽阔的太平洋里，一条五六米长的大白鲨正懒洋洋地打着圈巡游。它虽然不如蓝鲸庞大，但它那锋利的牙齿、敏捷的身手和永远的好胃口，使它成为海洋里令人害怕的庞然大物，所到之处，许多海洋动物都退避三舍。

突然，有一种味道隐隐约约地传来，它循着味道的方向游了过去。味道越来越浓，是它最喜欢的血腥味！依靠敏锐的侧线系统和灵敏的嗅觉，大白鲨以最短的时间确定目标后，一边用胸鳍平衡身体，一边挥动着尾鳍，摇摆着漂亮的身体，快速地向目标游去。现在，它可不再是像刚才那样慢慢地巡游了，而是飞速前进。大白鲨的流线型身体结构很适于游泳，水流从表面的盾形鳞片上滑过，丝毫没有产生阻力。几分钟，它就到达了目的地。

原来是一艘捕鱼的大船停在海面上。大白鲨兴奋极了，它磨牙霍霍，准备向猎物下口！说时迟，那时快，就在它快要得手之时，渔民急忙逃离险境，以最快的速度爬上了船。大白鲨气极了，一口咬住渔网。船上的人以最快的速度开动大船，船只奋力向岸边驶去。一时间，安静的海面沸腾起来。渔民们一边加快船速，一边胆战心惊地盯着这条可怕的鲨鱼。忽然，大白鲨的牙齿松开了渔网，搏斗也戛然而止。也许它觉得有些疲惫了，朝着另一个方向游走了。于是，海面又恢复了平静。

你知道人类受了鲨鱼的启发，在汽车工业领域有哪些创造发明吗？

## 大白鲨的对手

尽管在海里不可一世，但大白鲨也有令其害怕的对手，如虎鲸和海豚。虎鲸常常成群出动，轮番围攻大白鲨，同样牙齿尖利的虎鲸比大白鲨有更大的体形，因此大白鲨也经常成为虎鲸的美餐。因为鲨鱼是软骨鱼类，而聪明的海豚则会成群结队，撞击鲨鱼柔软的腹部，令鲨鱼的内脏器官严重受伤，最后死去，所以当大白鲨遇到虎鲸和海豚时，只能走为上计了。

## 大白鲨的鼻子

不为人知的是，大白鲨的鼻子是其重要的探测器。因为大白鲨的鼻子里有一种胶体，能把海水温度的变化转换成电信号，传送给神经细胞，使大白鲨能够感知海水中细微的温度变化，从而准确地找到食物。大白鲨在海中游泳时，鼻子上的一些特殊小孔还可以检测到其他海洋生物发出的电子波，令大白鲨能提前做好捕食或逃离的准备。

我知道。受鲨鱼鳍的启发，汽车设计者们设计出鲨鱼鳍天线，用以减小阻力，避免汽车高速行驶时产生静电，同时有效避免车体附着灰尘、污垢，减少音响杂音等；同时还是GPS信号接收器、手机蓝牙信号接收器等的天线。

## 鲨鱼鼻与经典法拉利F430

法拉利是一个意大利的汽车品牌。法拉利F430是法拉利公司在2004年推出的入门级跑车，用以取代老款的F355跑车。F430经典的"鲨鱼鼻"是法拉利在1961年推出的最终款Tipo156赛车的特色，法拉利车队的传奇车手菲尔·希尔认为，"鲨鱼鼻"是当时世界上最快的赛车，是1.5升引擎下能创造最快速度的机器。鲨鱼鼻造型也成为法拉利独一无二的标志车型。

## 大白鲨与空客A320

科学家研究发现，大白鲨除了拥有适合游泳的体形结构外，其体表的粗糙皮肤也是一个重要因素。受鲨鱼的启发，仿生学家们开始研制鲨鱼皮结构的仿生材料，并将其运用到航空工业领域。在首次飞行测试中，使用了仿生材料的飞行器在高速飞行时所受到的空气阻力大大减小，这让人喜出望外。

从此，人们开始把飞机的表面制造成近似鲨鱼的"粗皮"结构。结果发现，利用鲨鱼皮原理制造的飞机，比表层光滑的飞机节省1%～2%的燃料。比如，空客A320的机身上长期敷有仿鲨鱼皮的薄膜，可节省燃油达3%，大大节约了成本，也减少了空气污染，因此成为各大航空公司竞相使用的机型。

# 美声歌唱家
# ——"飞天"树蛙

学名：树蛙。
家族：脊索动物门两栖纲无尾目。
分布：亚洲和非洲的热带及亚热带地区。
种类：全世界已知的有200～300种，中国
　　　已知的有29种。

与普通生活在田间的青蛙不同，树蛙栖息在树上。而且这些树基本生长在溪流或水塘边。这样，树蛙产卵的时候就很方便——只要在垂向池塘上方的枝叶上产下卵，用后肢将卵泡包卷在叶片中，然后树蛙就拂手而去。小蝌蚪们通过运动或被雨水冲刷到达池塘中，在水中生长发育，完成从蝌蚪到树蛙的变态发育。

树蛙的背部颜色接近大自然的绿色，有时还会随着环境的改变而发生体色的变化，以躲避天敌。

## 非洲树蛙的美声大赛

　　每年初夏，南非某地的池塘里就会聚集一群纹理美丽的非洲树蛙。它们是动物王国里有名的大嗓门，正在这里举办一年一度的美声大赛。参赛的都是雄蛙，优胜者将赢得雌蛙的芳心，所以雄蛙们个个铆足了劲，跃跃欲试。也不知道是谁开的头，所有的雄蛙都跟着"呱呱呱"地唱起了情歌，一时间池塘里蛙声鼎沸。担任裁判的雌蛙开始以它们特有的标准对每一位参赛者进行打分。第一轮海选：谁叫得最响？非洲树蛙的肺并不强壮，可是它们可以通过腮囊放大音量，作用就好比音箱放大器。所以它们的鸣叫声特别响亮，千米之外都能听见。

　　经过一番评比，雌蛙选出了一些声音最为洪亮的参赛者，可是它们并不会只根据叫声的响亮程度来选择如意郎君，接下来要考察的就是雄蛙鸣叫的频率了。哪只雄蛙叫得越快，也就越合雌蛙的心意。不过，仅仅做到这一点还是不够的，还得尽量坚持叫得长久一些，这是雌蛙考核的最后一项标准。经过重重筛选，雌蛙终于选出了自己心目中的"郎君"，满心欢喜地来到它的面前。现在，这位筋疲力尽的参赛者总算能休息了。

　　对于蛙类而言，鸣叫是一项十分耗费体力的活动，雄蛙大约需要消耗比平常多20倍的能量。因而雌蛙钟情于叫得最响、最快、最长的参赛者，也正是为了选择体格最强壮、精力最旺盛的雄蛙来做孩子的父亲。

## 飞蛙——黑蹼树蛙

黑蹼树蛙的身体极其扁平，胯部非常细，指、趾间的蹼发达，肛部和前后肢的外侧有肤褶，增加了体表面积。黑蹼树蛙从高处向低处滑翔时蹼会张开，这样可以减慢降落的速度。黑掌树蛙可从4～5米的高处抛物线式滑翔到地面，从而有"飞蛙"之称。

## 新型宠物——老爷树蛙

老爷树蛙的体形肥胖可爱，生命力强，是初次饲养的理想选择。和其他两栖类一样，它的皮肤会分泌一些含有微毒的液体，这一般不足以伤害人类，但可能会对皮肤敏感者有所影响。

## 墨西哥—珍贵琥珀暗藏"超级元老"——2500万"岁"树蛙

2005年，墨西哥南部恰帕斯州的一名矿工无意中发现了一块罕见的琥珀，黄色的琥珀中完好地保存着一只小树蛙。此后，一位私人收藏家买下了它，后来又"暂借"给科学家们进行研究。科学家通过对这块琥珀以及它被埋藏的地质层展开研究，推断琥珀中的树蛙已经有2500万年的历史。有专门研究琥珀的学者表示，从理论上说，如果这块琥珀密封得很好，树蛙体内的DNA物质就不会被氧化，人类还有可能从它身上提取DNA样品。

你知道树蛙害怕什么吗？

我知道，树蛙害怕光亮、陌生的环境。

## 模仿树蛙脚趾制成的黏合剂

人们一直认为，树蛙能够依靠脚趾将身体粘紧并倒挂在树枝上，是一个自然奇迹。如今，印度理工学院坎普尔分院的科研小组，受树蛙脚趾特殊结构的启发，突破性地研制出一种黏性超强的黏合剂，强度是普通黏合剂的30倍，而且每次从物体上撕落时都非常干净，不留任何痕迹，还可以反复使用。科学家们相信，这种新型黏合剂的用途将非常广泛。

## 天生具有抗生素的非洲树蛙

1986年，生化学家查斯洛夫偶然观察到非洲树蛙从来不会被细菌感染。即使实验人员在非洲树蛙的腿上划一刀，再将其丢入满是细菌的脏水中，它们仍然安然无恙。这一结果令查斯洛夫惊叹不已。他发现非洲树蛙受伤之后，皮肤里会很快冒出一点一点的白色乳状液体，随后覆盖了整个皮肤表面。进一步的实验研究证实，这种分泌物含有一种未知的抗生素，能杀死几乎所有已知的细菌。

# 热带雨林中的核弹
## ——致命箭毒蛙

学名：箭毒蛙。
家族：脊索动物门两栖纲无尾目。
分布：巴西、圭亚那、哥伦比亚和
　　　中美洲的热带雨林。
种类：全世界已知的约有170种。

箭毒蛙毫无疑问是拉丁美洲乃至全世界最著名的蛙类，一方面是因为它们属于世界上毒性最强的动物之一；另一方面也是因为它们拥有非常鲜艳、美丽的警戒色，是蛙类中最漂亮的成员。箭毒蛙的皮肤内有许多腺体，分泌出的剧毒黏液既可润滑皮肤，又能保护自己。有了毒液的保护，箭毒蛙可以大模大样地出没在热带丛林中，任何动物都不敢轻易靠近。

## 夫妻同心箭毒蛙

箭毒蛙爸爸正背着它的一个孩子吃力地爬上一棵大树。孩子还只是一只蝌蚪，刚在一片树叶上孵化出来。现在，箭毒蛙爸爸准备把它带到树上的"小水塘"里去。树上寄生着许多凤梨，每当大雨过后，凤梨宽大的叶子里就会积起雨水，这就是小蝌蚪们的安乐窝了。

箭毒蛙爸爸有六七个孩子，它给每个孩子都找了一个小窝——一口小水塘。这样做的目的是为了保护这些还不能产生毒素的小宝宝，使它们中的部分幸运者能逃过天敌的捕杀而长大。箭毒蛙爸爸成天在这些"婴儿房"之间来回奔波，检查每只蝌蚪的生活状况。

有个小家伙拼命咬着爸爸的腿，摇晃着它的身体，这是在告诉它："我饿极了！"可是箭毒蛙爸爸没法给蝌蚪提供食物，它得求助于箭毒蛙妈妈。蛙爸爸走了很远的路，在另一棵树上找到了蛙妈妈，立刻向它发出了呼喊。蛙妈妈知道它需要帮助，于是跟着它来到了小蝌蚪的住处。小家伙正饿得发慌呢。蛙爸爸大声叫嚷着给蛙妈妈鼓劲。蛙妈妈跳进了水塘，但在浑浊的水里它根本看不清小蝌蚪在哪里，只好又钻了出来。蛙爸爸的目的没有达到，只能继续给蛙妈妈加油。于是蛙妈妈又一次钻了进去，这一回它找到了小蝌蚪，产下了一枚没有受精的卵。这就是小蝌蚪的食物了，足够它吃上好几天的。蛙妈妈从水中出来，夫妻俩激动得紧紧相拥。而小蝌蚪呢，它正忙着享用美味呢。

人们通常以为两栖动物没有育雏行为，可是箭毒蛙却是个例外。它不仅给蝌蚪们找到了安全舒适的住所，还会像鸟类一样定期给蝌蚪饲喂食物。可见即使在冷血的两栖动物中，也不乏尽心尽职的父母。

## 箭毒蛙家族

箭毒蛙家族中，草莓箭毒蛙的毒素比其他箭毒蛙物种要少一些，但是草莓箭毒蛙的毒素会使伤口肿胀并有烧炙的感觉。

蓝宝石箭毒蛙具有非常强的毒性，它们绚丽的体色使潜在的掠食者远远避开。它们的足部没有蹼，不能在水中游动，因此不会出现在水生环境中。

黄金箭毒蛙则是箭毒蛙家族中毒性较强的一种，一只黄金箭毒蛙的毒素足以杀死十个成年人。

最毒的种类是哥伦比亚艳黄色的叶毒蛙，稍一触碰就能伤人，毒素能被未破损的皮肤吸收，导致严重的过敏现象。当地人并不杀死这种蛙来提炼毒素，而只是把吹箭枪的矛头刮过蛙背，然后放走它。

你知道最小的箭毒蛙的体长是多少吗？

我知道。箭毒蛙的体形普遍很小，最小的箭毒蛙大约只有1.5厘米长，但也有少数成员可以达到6厘米长。

## 印第安人与箭毒蛙和平共处

鲜艳的警戒色并没有吓跑聪明的人类。中美洲当地的印第安人，巧妙运用这种天然毒液从事原始的捕猎活动。他们首先在箭毒蛙经常活动的区域捕捉箭毒蛙，然后小心翼翼地用细细的藤条拴住不分泌毒液的腿部，再用一根小木棍轻轻地刺激它们的背部。这时箭毒蛙的毒液便会分泌出来，印第安人把这种毒液涂抹在用于打猎的箭头上，完成使命的箭毒蛙就会被放生，以便下次取毒时再次使用。箭毒蛙的名字也就由此而来。

一只小小的箭毒蛙，大约能分泌出足以杀死30人的毒液，而涂抹在箭头上的毒素能够保持一年之久。丛林中无论什么动物被这种毒箭射中，都难逃一死。

## 箭毒蛙的数量日渐减少

如果说印第安人尚能与箭毒蛙和平相处，那么自哥伦布之后，文明的人类社会给它们带来的却是灾难。因为有着美丽的外表，它们被人们作为宠物带到城市里。悲惨的是，箭毒蛙极其脆弱，对食物及生活环境的要求非常严格，因此它们一旦被带出热带雨林，就意味着末日的来临。现在，森林砍伐、火灾、真菌入侵和非法宠物交易都威胁着箭毒蛙的数量。不久之前，它们也登上了国际自然及自然资源保护联盟濒危物种的红色名单。

# 茫茫大海中的老寿星——海龟

学名：海龟。
家族：脊索动物门爬行纲龟鳖目。
分布：热带及亚热带海域。
种类：全世界已知的有8种，我国现存的有5种。

## 寿命最长的动物——海龟

早在2亿多年前，海龟就在地球上出现了，是世界上有名的"活化石"。据世界吉尼斯纪录大全记载，海龟的寿命最长可达152年，是动物界中当之无愧的老寿星。正因为海龟是海洋中的长寿动物，就像人们把松鹤作为长寿的象征一样，沿海的人们将海龟视为长寿的吉祥物，并有"万年龟"之说。

你知道海龟与陆龟有什么区别吗？

我知道。与陆龟不同，海龟不能将它们的头部和四肢缩回到壳里。像翅膀一样的前肢主要用来推动海龟向前，而后肢就像方向舵一样，在游动时掌控方向。

## 听话的海龟

海龟潜水的本领很强，能在水下停留一昼夜或更长的时间。它们的性格很温顺，所以人们就训练海龟干活。经过训练的海龟能把工具、器材运送给海底的潜水员，也可以把船上的缆绳准确地拉到水下作业点，还可以牵引舢板运送物资。一旦有人遇到危险，它们还能充当救生员，把落水者驮到背上，运回岸边安全的地方。

## 海龟会哭吗

海龟常常在夜间上岸产卵。产卵时它会默默地"流泪"，有人说这是因为海龟产卵时非常痛苦。其实这种说法是不正确的。海龟以含盐量较高的海生动植物为食，因此它们必须想办法把体内多余的盐分排出去。而海龟排盐分的器官就生在眼窝后面，叫作盐腺。所以，人们看到海龟在哭，其实是它们在排盐呢。

## 精确的导航定位系统

印度洋里的绿海龟大约每隔4年都要跋涉数百千米,回到相同的海滩产卵。浩瀚的大海无边无际,没有任何参照物,海龟为什么不会迷路? 它们是靠什么定位的呢? 法国研究人员最近发现了海龟具有这种奇妙识途本领的原因,证实海龟是依靠地球磁场来定位的。

研究人员首先捕获一批处于产卵周期初期的海龟,然后把它们送到几百千米外的海域放归大海,再通过卫星定位跟踪这些海龟返回产卵地的全过程。结果发现,海龟的"导航系统"如同一个指南针,无论海龟从什么地方出发,"导航系统"总是指向其产卵地的方向。海龟只能依靠自己的"指南针"辨别方位,而没有抄近路的本领,如果遇到不利的洋流,离产卵地几百千米远的海龟也许要绕道几千千米,才能回到当初出生地进行交配产卵。由此推断,海龟的"导航系统"非常精确,但也相当简单。研究人员在海龟的头顶上放置了一个强磁铁,以扰乱地球磁场的作用。结果发现,海龟的定位能力明显减弱。海龟体内有一份磁地图,海龟岁数越大,它的定位精确性就越高,说明海龟是从小开始学习这种定位本领的。

## 与众不同的海龟——玳瑁

　　所有海龟中，玳瑁在身体构造和生态习性上具有很多独特性。玳瑁是已知唯一一种主要以海绵为食的爬行动物。正由于玳瑁过于独特，其进化地位有些不明确。科学家通过分子分析，认为玳瑁是从肉食祖先而不是草食祖先进化而来的。

## 现存体形最大且最古老的海龟——棱皮龟

　　棱皮龟是现存体形最大且最古老的海龟。从北极圈海域到新西兰周围的太平洋海域，都可以寻找到它们的踪迹。雄性棱皮龟从不离开海洋，但雌性棱皮龟每隔三至四年，就会上岸产卵一次。在交配季节，雌性棱皮龟最多可以产下70～110枚卵。棱皮龟之所以得其名，是因为龟壳柔软而有弹性，不像其他海龟的壳那么坚硬。

　　此外，棱皮龟的嘴里没有牙齿，不过在它的食道内壁上有大而锐利的角质皮刺。依靠这些皮刺，棱皮龟就可以磨碎食物，然后通过胃肠道消化吸收。

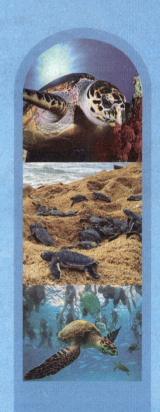

## 濒临灭绝的末代贵族

　　海龟已濒临灭绝，全世界仅剩下约20万头产卵母龟。我国将其列为二级保护动物。为避免人类的捕杀及栖地之破坏，国际自然及自然资源保护联盟将所有海龟列入《濒危野生动植物国际贸易公约》中。攻击幼年的海龟的动物有秃鹫、乌龟、草鹭、大军舰鸟、浣熊、狗、蜥蜴和螃蟹。

# 真情假意难辨的鳄鱼

学　名：鳄鱼。
家　族：脊索动物门爬行纲鳄目。
分　布：热带及亚热带的河川、湖泊、
　　　　海岸中。
种　类：全世界已知的约有20种。

鳄鱼是上古时代就存在的巨型爬行类生物，从远古时代到现代，除了体形有所改变，几乎没有变化。遍布鳞甲的身体、冷酷凶残的眼睛、恐怖的长牙、嗜血的习性，让鳄鱼成为令人不寒而栗的动物。

## 鳄鱼的眼泪

"鳄鱼的眼泪"是一句俗话。事实上，鳄鱼真的会流眼泪，只不过并不是因为伤心，而是为了将体内多余的盐分排出体外，因为鳄鱼肾脏的排泄功能并不完善，体内多余的盐分要靠位于眼窝附近的盐腺来排出，所以看起来就像是鳄鱼在流泪。

## 眼镜凯门鳄的托育行为

　　每到春天，眼镜凯门鳄便会在沼泽地附近产卵。几个凯门鳄家庭共同使用一口育儿水塘，然而并不是每位母亲都会守在附近，只有一只母鳄鱼留下负责照看整个托儿所。水塘中央，几十个小脑袋齐刷刷地探出水面，紧张地注视着周围的世界。对母鳄鱼来说，看护这群精力旺盛的小家伙可不是件容易的事。虽然这里面大多不是它的孩子，它却把它们当成亲生儿女一般照顾。水塘周围到处都是小鳄鱼们的天敌。一旦遇到危险，小家伙们就会纷纷涌到母鳄鱼身旁，有几只还奋力爬到它的背上。只要待在"妈妈"身边，那一定是最安全的。

　　可是好景不长，旱季的到来改变了一切，丰饶的水涝天堂变成了炙热的火炉炼狱。水塘里的水快要蒸发殆尽。高温缺水的严酷条件已经让一些宝宝付出了生命的代价。母鳄鱼很清楚，如果还是待在这儿，孩子们注定难逃一死。它决定孤注一掷，带领小鳄鱼们寻找一处永不干涸的水源。于是母鳄鱼召唤孩子们踏上了灼热的土地。它们排成长长的一队，步履艰难地前行着。对母鳄鱼而言，这是一趟精疲力竭的旅行。而对拖着柔嫩小腿的小鳄鱼们来说，这简直就是一场马拉松，有一些已经开始掉队了。母鳄鱼停住了脚步，仔细聆听着孩子们的叫声，以此判断它们的位置。它一直等到每个孩子都跟上来后，才会再次出发。就这样，它们走走停停，就在疲惫不堪几乎支持不住的时候，终于找到了一片宽阔的湖水。这下，它们总算安全了。

## "活恐龙"扬子鳄

扬子鳄是我国特有的珍稀动物。由于体形构造和古代的恐龙接近，所以被人们称为"活化石"。扬子鳄的性情比较温顺，不会主动伤害人类，但是常对鱼类和家畜构成威胁。扬子鳄的听觉和视觉极其敏锐。一旦碰到敌害或发现猎物，会立即用粗大而有力的尾巴猛扫，同时发出"呼呼"的威胁声。扬子鳄常常潜伏在水中，只将鼻孔和眼睛露出水面，看见猎物时完全潜入水中，从水下悄悄接近猎物，靠近后突然发起进攻，咬住猎物。

## 体色发生变化的南美短吻鳄

有一种生活在南美洲的短吻鳄。它们与其他鳄鱼的区别在于，短吻鳄的嘴比较宽，未成年的美洲短吻鳄的身体呈黑色，有黄色的条纹。成年以后体色会逐渐变成褐色。最大的美洲短吻鳄体长可达5.8米，一般为1.8～3.7米。

你知道世界上最大的爬行动物是什么吗？

我知道。湾鳄是世界上最大的爬行动物，现今最大的湾鳄体长达7米。

## 南美鳄鱼保时捷Cayman S

2005年，保时捷汽车公司根据鳄鱼的特性，上市了一款双门跑车——保时捷Cayman S。这个名字的来源是南美洲一种体形小巧但行动迅捷的凯门鳄，这种鳄鱼富有攻击性，采用这个名字的寓意，表明这是一款相当张扬、充满活力的跑车。

## 可怕的鳄鱼食人事件

鳄鱼食人是世界各地时有发生的事情，冷血的鳄鱼会吞食一切猎物。史上最大的一次鳄鱼食人事件发生在第二次世界大战时期孟加拉湾的缅甸兰里岛。当时，一支英国舰队将一队日军封锁在兰里岛上，准备第二天发起进攻，当天夜里就听到岛上发出激烈的枪声和喊声。次日，英军的侦察部队上岛后发现，到处是日军的尸体和上百只被击毙的鳄鱼。据分析，可能是天黑后日军伤口的血腥味引来了大群饥饿的鳄鱼，双方最终血拼一场。这次有近千人死亡，也算得上是历史上鳄鱼食人事件中人数最多的一次。

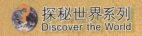
# 领地上的顶级掠夺者
## ——科莫多龙

学名：科莫多巨蜥。
家族：脊索动物门爬行纲蜥蜴目。
分布：东半球的热带和亚热带地区。
种类：全世界已知的约有30种。

### 恐龙的子孙——科莫多巨蜥

　　科莫多巨蜥是恐龙后代中的少量幸存者。历经几千万年的变迁，它们仍保持着祖先原始的面目和生态习性，至今没有任何变化。由于科学家认为科莫多巨蜥可能是恐龙的子孙，所以人们又把它们称为"科莫多龙"。科莫多巨蜥不仅凶猛、残忍，而且野性十足，就连一向以凶残著称的鳄鱼也望尘莫及。它们的食量很大，是狮子食量的3倍多；在外形上，长得很像鳄鱼，但比鳄鱼大得多；一般身长可达3～4米，四肢短粗，尾巴约占身体长度的一半，体重达150千克左右。科莫多巨蜥的头大而偏长，牙齿像锯子一样锋利，既尖锐又有剧毒。

　　科莫多龙现今只有2000条左右，已经是濒临灭绝的珍稀动物了。而且，它们的王国也很小，全世界只有科莫多附近的5个小小岛屿上，才有它们活动的身影。

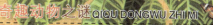

## 科莫多龙寻亲记

　　科莫多龙主要以腐肉为食。而且作为冷血动物，它无法依靠自己的体温孵卵。因此，科莫多龙常常借窝下蛋。不过，这可怕的动物竟然也有温情的一面，它们能推算出孵化的准确时间并牢记一年前的产卵方位，然后找到自己的孩子们，并领着它们回到自己的领地。

## 胃口惊人

　　成年科莫多龙的胃像个橡皮囊，很容易伸缩、扩张。一条体重不超过50千克的科莫多龙，能在10多分钟内吃完一头重约40千克的野猪。有时吃得太多，不得不歇上六七天甚至半个月来消化食物。

## 用舌头搜寻猎物

　　科莫多龙是用舌头搜寻猎物的，因为它们的嗅觉异常发达。舌头大约有20多厘米长，与蛇的舌头一样前面有分叉。它们那分叉的舌头就像是雷达的天线，分辨着微风中的气味。空气中极淡的味道都会被科莫多龙的舌头接收，使它们从中得到7千米以外存在着腐肉的信息。当然，即使是深藏地下两三米的龟蛋，它们也可以准确无误地找到。

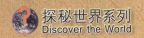

## 爱晒太阳的冷血杀手

每天早晨，科莫多龙从洞穴中爬出来，先躺在岩石上晒太阳，以吸收阳光的热量，直到身体暖和了才去捕食。通常，科莫多龙常在有动物经过的路旁伏击。一旦猎物临近时，它会立刻扑上去，先将猎物打倒在地或咬断猎物的后腿，然后用利齿撕开猎物的喉部或腹部，使猎物因大出血而丧命。接着，它使用锯齿状的利齿和强有力的脚爪，把猎物撕成碎块，并迅速吞下大块大块的肉。

由于科莫多龙十分丑陋肮脏，唾液中有许多细菌，并且从来不清洗口腔，因此人们普遍认为被咬过的动物会在三天之内因为细菌侵袭身体而死亡。不过，澳大利亚墨尔本大学布莱恩·弗莱教授带领的研究团队发现，科莫多龙不仅唾液中含有大量的细菌，而且其下颚发达的腺体能够分泌致命毒液，这才是科莫多龙具有巨大杀伤力的秘密所在。

## 新型抗毒试剂

印度尼西亚生物学家布特拉博士是研究科莫多巨蜥的权威。他说："它们发动猛攻，不是唾液里的细菌杀死了猎物，而是毒液。毒液能迅速降低猎物的血压，阻止凝血。猎物甚至来不及挣扎就昏迷了。"为此，科学家们表示，他们将利用科莫多巨蜥的毒性，开始研制新型的抗毒试剂。

既然科莫多龙是世界上最大的蜥蜴，那你知道世界上最小的蜥蜴是什么吗？

我知道。世界上最小的蜥蜴是雅拉瓜壁虎，它们生活在美洲中部，只有5厘米长，不到5克重。

## 科莫多国家公园——巨蜥生活的家园

科莫多国家公园是一处位于印度尼西亚群岛中的世界遗产。几百年前，它还只是一个偏僻的地方，岛上最早的居民是那些被流放的囚犯。400万年前，科莫多巨蜥开始在这些岛上游弋，渐渐地它们变成了地球上最强大的食肉类蜥蜴。人们对于科莫多巨蜥的了解始于1912年。当时，荷兰的一位科学家宣布他发现了一种被他命名为科莫多龙的巨大蜥蜴。1926年，美国人伯尔登拍摄了关于科莫多岛屿的自然风光及巨蜥的大量镜头，1931年制作了影片《金刚》，科莫多巨蜥才开始为世人所认识。1990年，印度尼西亚政府建立了科莫多国家公园，并正式向游客开放。

# 世界上真实的狂蟒之灾

学名：蟒蛇。
家族：脊索动物门爬行纲原蛇亚目。
分布：水源丰富、植被茂密的原始
　　　森林以及沙漠地带。
种类：全世界已知的有60余种。

蟒蛇的体形又粗又长，是世界上最大的较原始的蛇类。蟒蛇的肛门两侧各有一小型爪状的痕迹，为退化后肢的残余。这种后肢虽然已经不能行走，但都还能自由活动。蟒蛇体表的花纹非常美丽，对称排列成云豹状的大片花斑，花斑周围有着黑色或白色的斑点。蟒蛇的尾巴短且粗，具有很强的缠绕性和攻击性。

## 爱子如命的蟒蛇妈妈

每年4月，蟒蛇结束了漫长的冬眠期，开始出洞觅食及各项生命活动。到了6月份，雌性蟒蛇开始产卵，一次会产下8～30枚卵，多者可达百余枚卵。蟒蛇的卵呈长椭圆形，每个卵均带有一个"小尾巴"，大小似鸭蛋。每枚蛇卵大约重70～100克，孵化期为60天左右。雌蟒产卵后会盘伏在卵上孵化。此时，任何人若想靠近它，蟒蛇妈妈会大发脾气，暴起而伤人。

## 世界上最大的蟒蛇——"桂花"

在印度尼西亚，人们曾捕获一条长为14.85米、重达447千克的巨蟒。到目前为止，这条蟒蛇是世界上最大的蟒蛇。这条大蛇是在苏门答腊岛上的一个原始森林中被发现的。当地人将它捕获后卖给了公园，公园的管理人员将这条大蛇取名为"桂花"。虽然名字听起来比较温柔，但据说"桂花"的大口一旦张开非常吓人，可以很轻松地吞下一个成人。

印度尼西亚当地媒体报道说，印度尼西亚国家科学研究所、农业研究所等学术机构都对这条蛇进行了检验，确认了其身长、体重以及品种。很多动物学家都表示，从来没有见过这么大、这么长的蛇。

据说，要制服这么大的蛇，至少需要8～10个壮年男子。此前，吉尼斯世界纪录大全中记载和公认的世界上最大的蟒蛇，是一条体表花纹呈网状的大蟒，身长10米，已于1912年在印度尼西亚被射杀。

研究所的动物学家研究发现，这条世界上最大的蟒蛇是东南亚地区的"土著蛇"，在印度尼西亚、菲律宾等国家比较常见，但一般都没有这么长。

## 能当保姆的蟒蛇

在印度乡村，有些人家有饲养蟒蛇的习俗。从小饲养的蟒蛇性情温顺，能听懂主人的笛声。家里如果有一条蟒蛇，其他的毒蛇便不敢靠近，一般野兽也不会光临。当主人外出时，就把孩子交给家养的蟒蛇。它会一直守候在孩子身边，像保姆一样尽心尽力地照顾。

## 奇怪的双头球蟒

2011年，有人在德国南部菲林根—施文宁发现了一条双头蟒蛇。这条双头蟒蛇属于球蟒，当时它只有1岁，大约50厘米长。

球蟒又称为皇蟒，属于无毒蛇。球蟒天性害羞胆怯，对外界环境的刺激很敏感，如果附近一有动静或是受到惊吓，它就会将身体蜷缩成球状。这就是它的名字的由来。球蟒属于宠物蛇种，性情温和、花纹美丽，不是很长，最长也就1米左右。

你知道什么疾病会导致蟒蛇死亡吗？

## 印度人的"神灵"——黄金蟒

　　黄金蟒是缅甸蟒蛇的白化突变种，是一种十分稀少的变异品种。黄金蟒的成体可以长达7米。在野外的黄金蟒如果有机会与另一条黄金蟒交配，就会将它独特的基因遗传给下一代。但是这种概率十分小，因而黄金蟒也就十分难得。在它的原产地，通常被印度人视为"神灵"加以崇拜。

## 蟒袍玉带

　　蟒蛇在中国文化中具有崇高的地位。古代皇帝穿的是龙袍，他的亲兄弟及其他诸王穿的是蟒袍。在古人心目中，蟒仅比龙低一个等级。在古代，蟒袍加身，是士大夫们的最高理想，即意味着位极人臣，荣华富贵。因此，我国就有了"蟒袍玉带"的成语，意为"绣有蟒蛇的长袍，饰有玉石的腰带"，引申为加官晋爵。

我知道。肺炎是引起蟒蛇死亡的主要疾病。

# 沙漠毒王——响尾蛇

学名：响尾蛇。
家族：脊索动物门爬行纲新蛇亚目。
分布：美洲干旱沙漠地区。
种类：分为2属。

在广袤的美洲沙漠中，各种动物施展着各自的生存本领，在这片沙漠上繁衍生息。这些动物中，就有响尾蛇。凭借它的毒牙和颊窝里的红外线热感应器，这些弯弯曲曲、长长滑滑的家伙在这里生活得要风得风，要雨得雨。

正值深夜的时候，四周漆黑一片，伸手不见五指，一条响尾蛇出动了。它一边摇动着那哗啦作响的尾巴，一边晃动着三角形的脑袋，吐着叉状的舌头，以"S"形路线往前爬行。

## 盲目的响尾蛇

　　响尾蛇的视力很差，加上夜间漆黑一片，看不到任何东西，然而它确实能在夜间捕食到喜爱的鼠类和野兔。奥秘在哪里呢？如果你把一块烧到一定热度的铁块放到蛇的附近，蛇会马上去袭击这个铁块。原来小动物都会散发出一定的热量，发射出一种人眼看不见的光——红外线。响尾蛇是靠自己的"热感受器"判断出这些小动物的位置，而一举将它们捕获的。人们就把蛇的热感受器叫作"热眼"。

　　响尾蛇的"热眼"长在眼睛和鼻孔之间的颊窝处。这个颊窝呈喇叭形，喇叭口斜向朝前，其间被一片薄膜分成内、外两部分。其外面的部分是一个热收集器，喇叭口所对的方向如果有热的物体，红外线就经过这里照射到薄膜的外侧一面。显然，这要比薄膜内侧一面的温度高，薄膜上布满的神经末梢就感觉到了温度差，并产生生物电流，将目标信息传输给大脑。

你知道响尾蛇为什么被人们这样称呼吗？

我知道。因为响尾蛇的尾部末端具有一串角质环，当遇到敌人或快速移动时，它会迅速摆动尾部的角质链状环，能长时间发出响亮的声音，致使敌人不敢近前，或被吓跑，故称为响尾蛇。

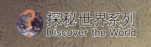
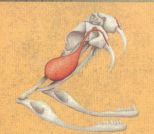

## 不主动攻击人类的响尾蛇

响尾蛇一般并不会主动攻击人类,除非人类闯进它们的地盘。响尾蛇的蛇毒足以将被咬的人置于死地,更令人惊奇的是,死后的响尾蛇一样很危险。响尾蛇在死后1小时内,仍可以弹起发起袭击。虽然响尾蛇身体机能已停顿,但只要头部的感应器官组织还未坏掉,仍可探测到附近15厘米范围内发出热能的生物,并自动做出袭击的反应,所以我们不能按"死亡"的常规来处理它,以免受到伤害。

## 被响尾蛇咬伤后如何急救

在响尾蛇出没的地区,人们应穿着长皮靴及皮裤,经常留意(特别是石头缝附近)自己的步伐。因为有时响尾蛇会在小径中央晒太阳,遇见时须与它保持一定的距离,让它逃走。一旦被响尾蛇咬着,不管情况如何,都必须当作是危害生命级别,立即送往医院,由专业的医生治疗。若及时使用抗蛇毒素,可以将死亡率减低到4%。

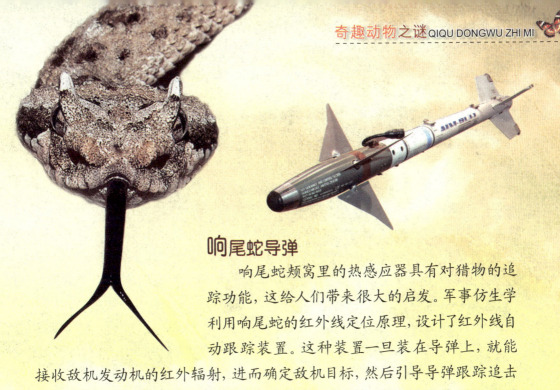

## 响尾蛇导弹

响尾蛇颊窝里的热感应器具有对猎物的追踪功能，这给人们带来很大的启发。军事仿生学利用响尾蛇的红外线定位原理，设计了红外线自动跟踪装置。这种装置一旦装在导弹上，就能接收敌机发动机的红外辐射，进而确定敌机目标，然后引导导弹跟踪追击敌机。若敌机妄想逃脱，只要它还在散发热辐射，装有这种装置的导弹就能够一直紧紧地盯住它，直至准确无误地命中目标。这就是现代化战争中的红外制导格斗导弹，它在低空空战中特别有用。

20世纪50年代，美军首先研制了带有红外追踪装置的第一代红外线导弹。1955年，美国空军开始正式装备这种导弹，并将其命名为"响尾蛇"。20世纪60年代，美军又生产了10多种改良型的"响尾蛇"导弹，总共生产了10万多枚。

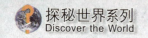
探秘世界系列
Discover the World

# 象征国家精神的
# 神鸟——鹰

学名：鹰。
家族：脊索动物门鸟纲隼形目。
分布：除南极和少数岛屿外，
　　　世界各地都有分布。
种类：全世界已知的有200多种。

　　鹰是自然界中的捕猎高手，这得益于它们那极其敏锐的眼睛、力大无比的爪子和强健有力的翅膀。无论在城镇郊区，还是在乡村山野，人们几乎处处可见它们的踪迹。它们时而振翅直飞，时而高空盘旋，飞行姿态之轻盈，令人羡慕。

　　人们常会看到鹰在天空展开翅膀，一动不动地滑翔。为什么鹰不扇动翅膀也能飞行呢？这是因为鹰巧妙地利用了流动的空气。当鹰在一个地方盘旋着升高，"悬"在空中时，就是利用一股上升气流的结果。它升到一定高度后开始向下滑翔，这时说明它已经失去了上升气流的支撑。

## 鹰的立体视觉

鹰的视力是人类的七八倍，因为鹰的眼部有两个中央凹面，其中的视锥细胞密度大约是人眼的七八倍，所以视力非常灵敏。在2000多米的高空，鹰能从许许多多移动的景物中发现目标，并能不断调节视距和焦点，以看清更多的细节，从而准确无误地捕获猎物。

此外，鹰的眼睛长在头部两侧，都可以朝前看，这样鹰就有了双眼视觉。也就是说，每只鹰眼看到的是不同的图像，鹰的大脑将双眼看到的两个图像合成一幅三维图。这样，鹰就可以判断猎物和自己之间的距离，可以准确地找到躲在草丛里的老鼠。

## 宝马的"鹰眼"车灯

如果你仔细观察，会发现每个品牌的汽车，都有极富个性的车灯。这个汽车的重要部件，就像是一辆车的眼睛，一对漂亮的眼睛，可以给汽车增添一种独特的味道。比如保时捷的青蛙眼，奔驰的海豚眼，大众POLO的水泡眼等。这就是汽车业界所说的"仿生眼"技术。

其中，宝马对车灯的设计就非常讲究，著名的"鹰眼"车灯就来自宝马5系汽车。宝马5系的车头灯采用狭长的轮廓，尾梢飞扬上挑，类似一道细长的"眼眉"，被设计人员称为"鹰眼"，据说是从雄鹰锐利的眼神中获得的灵感。区别于传统的四边形车灯，鹰眼大灯让人感到一种灵动的野性，冷傲的鹰眼衬托出宝马5系的高贵气质，被称作"鹰眼"实属当之无愧。

## 电子鹰眼与电子鹰眼导弹

受鹰眼的启发，科学家研制出类似鹰眼的搜索观察系统，即电子鹰眼。这种电子光学装置配备有装上望远镜的电视摄像机和电视屏，飞行员在高空中只要盯住电视屏，就可以看到飞机下宽阔的视野中的所有物体。一旦发现可疑目标，就可利用望远镜放大光学图像，用摄像机拍摄下来，再在电视屏上显示出跟实物一样的图像。这项技术不仅大大扩大了飞行员的视野，提高了视敏度，还能提高地质勘探、海洋救生、遥感探测等方面的工作效率。

在此基础上，军事科学家还试图制造出用电子鹰眼系统制导的导弹，又称电子鹰眼导弹。这种导弹能够凭借其自带的电子鹰眼制导系统，在飞临目标上空时，像长了锐利鹰眼的雄鹰一样，自动寻找和识别目标，直至攻击目标成功。若将这样的技术运用在制造导弹上，导弹的精确性和攻击力将会大大提高。

你知道哪些国家把鹰作为国鸟吗？

## 维持生态平衡的重要成员

鹰在维持生态平衡中是不可替代的角色。20世纪50年代初期，法国某地农牧场里的兔子成患。为了控制兔子的数量，保护农牧场，法国人故意使一种传染病在野兔中流行。这样，法国确实有效地控制了兔子的数量，但欧洲其他国家因此而遭殃。因为这些国家兔子的数量维持在正常水平，而这种传染病的流行造成90%的兔子死亡。

不过，在西班牙南部马里马斯生活的兔子却一直保持着相当的数量。这是为什么呢？原来，马里马斯地区的鹰较多，而感染传染病的病兔又较易被鹰捕杀，染病的兔子不断被淘汰，于是传染病并没在马里马斯的兔群中流行开来。如果没有鹰，又怎能使马里马斯的兔群免于瘟疫之灾呢！

73

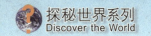
# 鸟类中的"模范夫妻"
# ——信天翁

学名：信天翁。
家族：脊索动物门鸟纲鹱形目。
分布：大多数信天翁生活在南半球
　　　深海区域的范围，少数生活
　　　在北太平洋和赤道地带。
种类：全世界已知的有21种。

在古希腊神话传说中，有一位在特洛伊战争中立下奇功的英雄叫狄俄墨得斯。他的船队在凯旋途中遭遇了暴风雨，他们随之漂到意大利海岸。于是，他在那里建立了一个小王国，自任国王，直到去世。他死后，他的同伴全部变成鸟，据说这些鸟就是信天翁。几个世纪以来，水手们一直认为在海上看见信天翁象征着好运。在英国大诗人柯勒律治的一首名为《古舟子咏》的古诗中，信天翁被描述成大海和水手的保护神，所以当一只信天翁被一个老水手杀害后，水手们便厄运难逃了。

的确，信天翁凭借其在海上蓝天自由翱翔的潇洒雄姿与搏击巨浪的勇气、长途跋涉的坚忍性格，长期以来一直受到人们的赞誉。

## 滑翔冠军

　　信天翁的飞行本领很强，是鸟类中杰出的滑翔冠军，以毫不费力的滑翔而著称于世。信天翁的双翼狭长，便于在气流中逆风飘举、顺风滑翔。它们能够跟随船只滑翔数小时而几乎不拍一下翅膀，而且可以从它们在海岛上的繁殖基地起飞，长时间翱翔于茫茫的汪洋大海上空。

　　为了减少滑翔时肌肉的耗能，它们具有一片特殊的肌腱，用于将伸展的翅膀固定起来。而且，它们的翅膀长度十分惊人。于是，人们将信天翁的翅膀称为"极为高效的机翼"。

　　信天翁不喜欢风平浪静的日子。因为在这种天气海上就没有上升气流供它们乘风翱翔。

## 海上信使

　　100多年前，没有无线电通信设备，因信天翁常年在海面上翱翔，水手们就利用它来传递信息。于是，信天翁被人们称为"海上信使"。有艘"格林斯塔尔"号捕鲸船在海上捕鲸，货船内装了许多桶鲸脂，但其他人无法知道船上的情况。于是，船员们提住一只信天翁，在纸条上写下船的位置和当时的时间，把纸条放进一个小布袋，系在信天翁的脖子上，然后让它去送信。12天后，这只信天翁在智利被人捉住，当时它已经飞行了5800多千米。这在当时，恐怕是世界上最快的通信速度了。

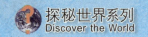

## 定期的婚礼舞会

　　每年的11月份，信天翁都要举行婚礼舞会。雄信天翁会发出钟声一样清脆的叫声和雌信天翁对舞，好像在诉说它们之间的爱情。同时，雄信天翁神采奕奕地向异性炫耀着自己的身体，还颇有绅士风度地向"心上人"不停地弯腰鞠躬，尤其喜欢把喙伸向空中，以便向它的爱侣展示其优美的曲线。

## 信天翁的爱情长跑

　　一对信天翁在5岁时相遇，那是它们成年后第一次回到这片出生的故土。当年长的信天翁忙着筑巢时，它们则加入同龄者的舞会。这是一场快乐的单身派对，随着舞会的进行，它俩渐渐走到了一起。几天后，舞会结束了，年轻的海鸟们得回到海上去了，它俩也只能依依不舍地告别。

　　在接下来的一年里，它们各自在海上漂泊、捕鱼。第二年，它们双双回到这里，再一次跳起了浪漫的爱情之舞。此后几年，它们每年都会在这片悬崖上定时约会。后来，雄鸟占领了一个筑巢点。经过长达4年的恋爱，它们的关系终于确定了下来。那一年，它们生下了第一窝雏鸟。为了养活孩子们，这对年轻的夫妇必须漂洋过海，到富饶的海域收集食物。终于，几天后的一个傍晚，雄鸟顶着狂风回到了家中，给它的爱人和孩子们送上了救命的一餐。从那以后，它们便生活在一起，年年回到这座小岛生儿育女，共享天伦。

## 信天翁的生存遭到威胁

　　而今，每年有数以万计的信天翁遭到死亡的威胁。除了海上漏油等化学污染物带来的危害，最主要的原因是来自渔民的捕鱼活动。它们常常被钓鱼线上的钩子勾住后淹死在海里。这种钓鱼线加起来长达130多千米，上面有成千上万带着诱饵的钩子，在钓到的鱼沉入水中之前，信天翁、海燕和剪嘴鸥等鸟类常追逐在钓鱼线后面捕食，从而误入罗网。每年全世界因这种被叫作"延绳钓法"而误杀的海鸟有近30种，大约18万只，信天翁就是其中最大的受害者。如果这种情况得不到限制，它们很快就会绝种。

你知道信天翁喝的水是淡水，还是咸水吗？

我知道。信天翁喝的是海水，所以是咸水。这是因为它的鼻部具有特殊的构造，就像海水淡化器一样，能够把过多的盐分隔离，并通过鼻子把盐溶液排出体外。

# 百鸟之王——孔雀

学名：孔雀。
家族：脊索动物门鸟纲鸡形目。
分布：印度及缅甸爪哇附近。
种类：2种，绿孔雀与蓝孔雀。

　　如果我们称赞狮子英勇神武，称赞海豚温顺可人。那么，说到孔雀，你不得不感叹，这集万千瑰丽于一体的生灵，真是自然界的宠儿，动物世界里美的化身。孔雀是体形较大的鸟类，头部较小。雄鸟的体色呈翠绿色，下背闪着紫铜色光泽，头顶有一簇直立的羽冠。孔雀开屏时显得异常艳丽，光彩夺目，所以有"百鸟之王"的美誉。因此，孔雀是最美丽的观赏鸟，也是吉祥、善良、美丽、华贵的象征。

## 孔雀开屏

　　其实，人们平日所说的"孔雀开屏"特指雄孔雀。它们多半有着优美的体形、丰盈的羽毛以及绚烂的色彩。春天是孔雀产卵繁殖后代的季节。于是，雄孔雀就展开它那五彩缤纷、色泽艳丽的长达1.5米的尾屏，并不停地做出各种各样优美的舞蹈动作，向雌孔雀炫耀自己的美丽，以此来吸引雌孔雀。因此，孔雀开屏也就成了一种特殊的求偶方式。

　　孔雀开屏也是一种防御行为。在孔雀的大尾屏上，我们可以看到五色金翠线纹，其中散布着许多近似圆形的"眼状斑"。这种斑纹从内至外是由紫、蓝、褐、黄、红等颜色组成的。一旦遇到敌人而又来不及逃脱时，孔雀便突然开屏，然后抖动它"沙沙"作响，很多的眼状斑随之乱动起来，敌人畏惧于这种"多眼怪兽"，也就不敢贸然进攻了。

蓝孔雀与绿孔雀的区别在哪里呢？

蓝孔雀的体羽呈带金属光泽的蓝绿色。绿孔雀的长尾与蓝孔雀相似，体羽呈绿色和铜色相间的色彩。

## 美丽的传说

相传，在很久很久以前，有一个贫穷的傣族小伙子为了谋生，每天都到江边的一棵空心树下钓鱼，并且每次都能钓到很多鱼。可是，有一天他从早钓到晚，连鱼影子都看不到。他感到万分奇怪，正在这时候，突然一阵风刮来，他听到身后那棵空心树发出了"嗡嗡"的声响，江边的果树上熟透了的果子，也随风"叮叮咚咚"地落入江中，发出清脆悦耳的声响。就在这一瞬间，他见江中映射出山坡上孔雀窈窕的倒影。小伙子惊喜地回头观看，只见一对绿孔雀展开了美丽的翎羽，正随着动听的声响翩翩起舞呢。曼妙的舞姿在夕阳的映照下显得格外的迷人。

## 印度的国鸟

在印度，人们把蓝孔雀尊为国鸟。蓝孔雀又称为印度孔雀，主要生活在丘陵地带的森林中，尤其喜欢待在水域附近。清晨和傍晚时分，它们成群结伴地来到田地里觅食。由于孔雀吃年幼的眼镜蛇，因此在印度它们非常受欢迎，在许多地方它们不会遭到捕猎，它们可以时常亲近人类。

## 孔雀舞

在种类繁多的傣族舞蹈中，孔雀舞是人们最喜爱、最熟悉，也是变化和发展最大的舞蹈之一。在舞蹈中经常模仿孔雀漫步、追逐嬉戏、抖翅、拖翅、登枝、开屏、飞翔等动作。只要是尽兴欢乐的场所，傣族人民都会聚集在一起，敲响大锣，打起象脚鼓，跳起姿态优美的"孔雀舞"，歌舞中洋溢着丰收的喜庆气氛和民族团结的美好景象。

人们模仿孔雀来舞蹈，从舞蹈本身的角度来看，这大大扩大了舞蹈题材，并且这种接近原生态的表演，更加体现出舞蹈的形体美、姿态美以及灵魂美；而从仿生学角度来看，人们像孔雀那样，通过跳舞来表达内心的情感，吸引别人的目光，形成美的感观。孔雀身上美丽的羽毛相当于舞蹈演员身上漂亮的服装，孔雀的求偶表演变成了舞蹈演员旋转的舞步。我们一定还记得舞蹈大师杨丽萍在《雀之灵》与《雀之恋》中的生动表演，举手投足间把孔雀演绎得活灵活现，让观众们叹为观止。这就是舞蹈的魅力！

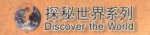

# 不会患脑震荡的
# 森林医生——啄木鸟

学名：啄木鸟。
家族：脊索动物门鸟纲䴕形目。
分布：世界各地。
种类：全世界已知的有200多种。

啄木鸟是著名的森林益鸟。它们以在树皮中探寻昆虫、在枯木中凿洞为巢而著称。啄木鸟对森林中控制树木的虫害非常有益，95%以上的过冬害虫都会被它们消灭。所以，啄木鸟是当之无愧的"森林医生"。

在寂静的山林中，人们经常会见到啄木鸟攀在树干上，用它的喙叩击着树木，发出"笃笃笃"的声音，这正是啄木鸟在捕捉害虫，为树木"治病"呢！

## 高超的攀援本领

啘木鸟可以在又直又滑的树干上攀爬自如，还能在树干和树枝间以惊人的速度敏捷地跳跃。其实，它们能够牢牢地站立在垂直的树干上，与足部的结构有关。啘木鸟的足上有两个脚趾朝前，一个脚趾朝向一侧，还有一个脚趾朝后，脚趾尖形成锋利的爪子。此外，啘木鸟的尾部羽毛十分坚硬，可以支在树干上，从而为身体提供额外的支撑。

## 凿孔钩虫

啘木鸟的喙又长又尖又硬，就像木匠的凿子一样，不仅能啘开树皮，还能一直插进坚硬的木质部，直捣害虫的洞穴。啘木鸟的舌头又细又长，而且富有弹性。舌上还长有很多倒刺，表面又布满一层黏液。不管害虫隐藏得多深，啘木鸟都可以准确无误地把害虫钩出来，就连幼虫和虫卵也不放过，因为啘木鸟舌头上的黏液可以把它们粘出来。

## 食量超大

啘木鸟的食量很大，一口气可以吞下900条甲虫的幼虫或1000只蚂蚁。而且，它们的食物种类非常广泛，毛虫、甲虫、天牛等都是它们的最爱。林中的一对啘木鸟就能保卫数十亩树木免遭虫害。

## 承受巨大压力的头部

动物学家曾研究过啄木鸟捕食的过程，发现它们啄木的频率达到每秒15～16次。其头部向前不停点头的速度几乎是声音在空气中传播的速度的2倍。科学家计算后发现，在如此快的频率下，啄木鸟的头部所承受的冲击力等于它所受的重力的1000倍，相当于宇航员乘坐火箭起飞时所受压力的250多倍。

## 不会患脑震荡的益鸟

在如此大的冲击力作用下，为什么啄木鸟的脑部在啄木时从来不会受到损伤呢？动物学家对啄木鸟的头部进行解剖后，找到了其中的答案。啄木鸟的头骨非常坚固，在大脑的周围有一层海绵状骨骼，里面充满了液体。它的头骨外的肌肉特别发达，可以消减震动产生的压力。啄木鸟的头颈部的肌肉也配合得很默契，因此它在啄木时喙与头部始终保持在同一条直线上。这样，尽管每天啄木鸟啄木达1.2万次，但是它的头部始终不会受到任何损伤。

## 安全帽、防震头盔与减震填充材料

科学家们从啄木鸟的头部结构中得到启示，他们利用仿生学设计出各种安全帽和防震头盔。设计安全头盔时，头盔的顶部薄而坚固，内部填充了轻便的海绵状材料，同时还装上一个保护颈部的项圈。由于头部保持直线运动向前，不产生转动，就可以确保安全。这样，也使这种头盔比一般的安全帽更安全。

受啄木鸟的启发，人们在精密物品或易碎品的包装运输时，也常常使用一些海绵状的减震填充材料，留下缓冲撞击力的空间，避免物品在运输途中破损或碎裂。

你觉得不同的啄木鸟的叫声相同吗？

我知道。不同的啄木鸟有着不同的叫声。比如斑姬啄木鸟报警时会发出拨浪鼓似的声音；星头啄木鸟发出尖厉的颤音；鳞腹绿啄木鸟发出像风铃般悦耳的声音。

# 水手们的忠实朋友
# ——海鸥

学名：海鸥。
家族：脊索动物门鸟纲鸥形目。
分布：北半球的各大洲。
种类：全世界已知的有40多种。

在海边或渔场上，人们总能看见欢呼雀跃着或怡然自得地在海面上低飞的海鸟。这些海鸟就是海鸥。海鸥的存在使富饶的蓝色海洋变得更加生机勃勃。

海鸥是最常见的海鸟，叫声嘹亮，飞行姿态优美，也是一种与人类相处和谐的鸟类。由于海鸥与人们在海洋上和平共处，海鸥便成为水手的忠实朋友。

因此，水手们都将海鸥称为"海洋天使"。

## 海上航行的"指路员"

海鸥是海上航行的"指路员"，舰船在海上航行，常因不熟悉水域环境而触礁、搁浅，或因天气突然变化而发生海难。富有经验的海员都知道，海鸥常着陆在浅滩、岩石或暗礁周围群飞鸣噪，这对航海者来说无疑是一种提防撞礁的信号。此外，海鸥还有沿港口出入飞行的习性，每当航行迷途或大雾弥漫时，海鸥的飞行方向可作为寻找港口的依据。

## 海上"救生员"

海鸥是海上的"救生员"。对舰船来说，一旦在航行中遇到不测，沉船失事，海鸥会马上集结成群，在失事舰船的上空集体鸣叫，引导救援舰船前来营救。

## 海洋天气"预报员"

海鸥是海上天气的"预报员"。如果海鸥贴近海面飞行，那么未来的天气将是晴好的；如果它们沿着海边徘徊，那么天气将会逐渐变坏。如果海鸥离开水面，高高飞翔，成群结队地从大海远处飞向海边，或者成群的海鸥聚集在沙滩上或岩石缝里，则预示着暴风雨即将来临。科学研究发现，海鸥之所以能预见天气变化，是因为海鸥的空心管状骨骼，里面没有骨髓而充满空气。这不仅便于飞行，又很像气压表，能及时地感知天气变化。

你知道世界上飞行路程最远的鸟是哪种吗？

## 海港清洁工

　　海鸥还是海港清洁工。除了以鱼虾、蟹、贝壳为食外，海鸥还爱捡食船上人们抛弃的残羹冷炙。因此，海鸥称得上是港口、码头、海湾、轮船附近的常客。在航船的航线上，也会有海鸥尾随其后。假如游客在落潮的海滩上漫步，经常会惊起一群海鸥。

## 建筑设计师

　　海鸥还是一名出色的"建筑设计师"。它们会从草地的杂草丛中、灌木丛里捡回枯草、树枝，加上自己的羽毛、海草等材料在海岛的岩礁缝隙或坑洼里筑起一个皿形巢，作为自己的住所。有些地方鸟巢的密度很大，两个鸟巢之间的距离仅相隔1～2米。同时，它们还会划定自己的势力范围，不准其他海鸥闯入自己的领地，所以"邻居"之间的关系并不和睦。

我知道。北极燕鸥是世界远程飞行纪录的保持者，一生可飞行100万千米以上。

## 鸥翼式车门

　　鸥翼式车门，可以说是车辆造型设计的一个里程碑，它的出现首次打破千篇一律的直开式车门的陈规，使车辆设计达到了一个新的境界。外形扬起的车门如同海鸥展开的翅膀，用在高性能跑车上时，完美地体现了跑车与生俱来的"飞翔"速度感。鸥翼式车门分直鸥翼式和斜鸥翼式两种。直鸥翼式车门的典型代表，是20世纪50年代的经典名车——1954年梅赛德斯奔驰300SL，它是当之无愧的鸥翼门经典。

　　1974年，另一款里程碑式的车门——剪刀式车门问世，来自顶级跑车兰博基尼康塔奇LP400的首创。从头到尾的标新立异，使康塔奇得到了全球的公认——康塔奇当年的设计理念超前了几乎半个世纪！这款车门改良创新自鸥翼式车门，随着康塔奇的成功，成为兰博基尼的标志。剪刀式车门的优点是，因为车门是垂直上下，所以除了造型美感外，还节省了车辆左右的空间，避免了车门向外打开时而可能遭到的磕碰，即使停车空间狭小，乘客一样可以自由出入。缺点是因为车门没有外展，可以提供乘客出入的空间狭小，是几种车门开启方式中相对不太方便的一种，与鸥翼式车门一样，有可能会"碰头"。

# 身穿燕尾服的"绅士"
## ——企鹅

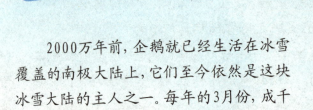

学名：企鹅。
家族：脊索动物门鸟纲企鹅目。
分布：主要生活在地球的南半球。
种类：全世界已知的约18种。

2000万年前，企鹅就已经生活在冰雪覆盖的南极大陆上，它们至今依然是这块冰雪大陆的主人之一。每年的3月份，成千上万的企鹅从海洋回到陆地，排着队爬上冰岸的景象非常壮观，企鹅们蹒跚着，开始寻找筑巢生子的场地。

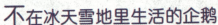

### 不在冰天雪地里生活的企鹅

并不是所有的企鹅都生活在冰天雪地里。加岛环企鹅生活在热带火山岩洞里，凤冠企鹅在新西兰靠近海岸的雨林中筑巢，小鳍脚企鹅以地穴为家，智利的洪氏环企鹅栖息在鸟粪堆上。许多企鹅一生中有75%的时间生活在海洋中。只有帝企鹅和阿德利企鹅完全生活在南极大陆上。

## 环境污染的监测员——帝企鹅

帝企鹅身披黑白分明的大礼服，脖子下有一片橙黄色羽毛，向下逐渐变淡。在南极冰川上，成群的帝企鹅聚集在一起，热闹非凡，但又秩序井然。金色的太阳将碧蓝的"宫殿"照耀得辉煌壮丽，千万只帝企鹅好像神秘国度的臣民，一个个穿着黑色的燕尾服，系着金红色的领结，精神饱满，举止从容，俨然一派君子风度。

帝企鹅生活在南极洲，由于气候特殊和远离人类活动区，南极成为一块尚未被工业污染的"净土"，也造就了企鹅对工业地区的种种污染反应十分灵敏的特性。正因为如此，德国柏林的一个空气监测站启用这种来自南极洲的水鸟当"监测员"，只要空气中有一丁点儿的污染物，它们的呼吸便灵敏地发生变化，而且这种变化会随着污染程度的强弱而起伏，其准确性和灵敏度甚至超过先进的电子监测器。更有趣的是，这些训练有素的"企鹅监测员"还会按时上下班。下班后，它们便进入模拟成南极环境的"企鹅乐园"中，呼吸经人工过滤的洁净空气，以使上班时"监测"不失水准。

## 滑雪健将

　　令人惊讶的是，平时看起来走路慢腾腾的企鹅，在紧急情况下，它们能以每小时30千米的速度在雪地上飞跑。因为在多年的进化中，企鹅早已成为"滑雪健将"。它们的秘诀是肥厚的肚皮和有力的双脚。一旦出现危险情况，企鹅会立即扑倒在地，把肚子贴在雪的表面，蹬起作为"滑雪杖"的双脚，像是一只可爱的活雪橇，快速滑行，可以一下子滑出十几米。有时候企鹅甚至一头直接扎进水里，潜到水下200多米深，五六分钟都不浮出水面，许多食肉动物可没法潜到这么深的地方。这样，企鹅便能一次次地化险为夷了。在行走困难的冰天雪地，企鹅独特的"肚皮式滑行"帮了它们的大忙。

你知道世界上最大的企鹅与最小的企鹅吗？

## 极地越野汽车

地球两极往往蕴藏着大量的自然资源，有待人们去发现。极地探索科学工作遇到的最大困难就是交通工具，在雪原上，由于摩擦力太小，普通汽车的车轮会空转打滑，很难推动汽车前进。科学家们乘坐破冰船和直升机到达冰原，需要一种特殊的汽车，以便在严酷的环境下行走到更远的地方。

苏联科学院动物研究所的科学家从南极企鹅身上得到灵感，设计出一种新型汽车——"企鹅"牌极地越野汽车。与传统汽车相比，这种汽车最大的变化就是车轮，极地越野车的车轮有点像是一种特殊的轮勺，有些像脚，又类似坦克履带，同时越野车的车底很宽阔，可以直接贴在雪面上。行进时，车底贴在冰面上，轮勺飞快转动，通过不断"抓挖"冰面的表层，使车辆向前行驶。这种前进方式经过设计，可以通过控制装置准确灵活地转弯、变速，不会发生普通汽车在冰面上"滑到哪里是哪里"的尴尬场面。

经过反复的测试和设计，性能良好的极地越野车速度可达每小时50千米，还可以在泥泞地带行驶，完全能够满足科考活动的需要。

我知道。世界上最大的企鹅是生活在南极大陆的帝企鹅，身高可达115厘米；世界上最小的企鹅是生活在澳大利亚菲利普岛上的小蓝企鹅，平均身高只有33厘米。

# 澳大利亚独有的
# 跳高健将——袋鼠

学名：袋鼠。
家族：脊索动物门哺乳纲有袋目。
分布：澳大利亚大陆和巴布亚新
　　　几内亚的部分地区。
种类：全世界已知的有150余种。

　　谁都知道袋鼠长着一个奇妙的育儿袋，那就是小袋鼠幼年成长的摇篮。袋鼠妈妈怀孕30天左右，小袋鼠就要出生了，这时候袋鼠妈妈就忙着用它那长长的舌头打扫育儿袋，把口袋里的脏东西一点一点地清理出去。袋鼠妈妈还在自己的尾巴根到育儿袋之间用舌头舔出一条湿漉漉的"羊肠小路"。这条"小路"可以说是小袋鼠的生命之路。

　　袋鼠等有袋类动物的最大特征就是它们奇特的生殖方式。虽然新生幼仔没有发育完全，但育儿袋极大地提高了幼仔的成活率和向成体成长过渡的能力。科学家们认为有袋类的繁殖方式或许代表了从卵生到胎生的中间过渡类型。

## 尽心尽责的袋鼠妈妈

　　刚出生的袋鼠宝宝身长只有20多毫米，全身光溜溜的，没有毛，眼睛还没长出来，耳朵也没有，连手脚都还只是从身体凸出的小肉芽而已。但它们却顽强地蠕动着身体，沿着妈妈舔出来的道路辛苦地前进，直到进入妈妈的大口袋里。袋鼠妈妈的乳头就在育儿袋里，它是一种特殊的肌肉，依靠肌肉的自动收缩，乳汁能像自来水一样自动喷出。只要宝宝紧紧含住乳头，乳汁便能源源不断地流进口里。袋鼠宝宝在育儿袋中一待就是5个月，到那时它的身体器官才发育完全，第一次探出脑袋看看这个世界。到了7个月左右，宝宝终于能爬出妈妈的口袋了，跟着妈妈蹦蹦跳跳。但这时它还是会不时地把头钻到妈妈的袋子里去吸奶。一有风吹草动，它立刻又钻进妈妈的育儿袋中，好让妈妈带着跑。这样直到一年后，它才恋恋不舍地离开妈妈的育儿袋，开始独立生活。在整个哺育期间，袋鼠妈妈不但要怀抱着袋鼠宝宝，而且还不时地帮宝宝做清洁工作，真是个尽心尽责的好妈妈。

你知道体形最大的袋鼠是哪一种吗？

我知道，是生活在澳大利亚干燥地带的红袋鼠。

## 袋鼠的发现

1770年，英国大航海家库克船长在澳大利亚的约克角半岛发现了几只前肢短小、后肢粗壮、蹦跳着走路的怪兽，他感到十分惊奇，便问当地的原住民怎样称呼这种动物，原住民回答："康格鲁（kangaroo）。"于是，"康格鲁"就成了袋鼠的英文名字，并沿用至今。后来人们才弄明白，原来"康格鲁"在当地语中是"不知道"的意思。

## 会跳跃的汽车

为了解决在沙漠里通行的难题，近年来，科学家们做了大量研究后发现，袋鼠和羚羊等沙漠动物在沙漠中行走自如，还可以高速奔跑。尤其是袋鼠，依靠强有力的后肢跳跃前进，每小时可以跑四五十千米，几乎不受糟糕环境的影响。在袋鼠的启发下，一种模仿袋鼠运动方式的汽车——跳跃机被研制出来，这种汽车的特别之处在于没有车轮，靠四条腿有节奏地相互协调，起起落落来前进。有了它，人们就可以在坎坷不平的田野或沙漠地区畅行无阻了。

## 澳大利亚的象征

在澳大利亚，袋鼠一直是当地人的骄傲，被视为澳大利亚的象征之一。澳大利亚现有6000万只野生袋鼠。与一般哺乳动物皮相比，袋鼠皮具有独特的纤维结构，是制革的优良原料。袋鼠图案也常作为澳大利亚的标志，如澳大利亚制造的图标就是绿色三角形袋鼠。澳大利亚的一些公路边常有袋鼠标记，表示附近有袋鼠出现，提醒过往车辆注意避让。由此可见，澳大利亚人对袋鼠是多么喜爱。

## 袋鼠带来的短跑技术革命

你知道吗？袋鼠还带来过一场短跑技术革命。过去，短跑都是站着起跑的。19世纪的澳大利亚短跑运动员舍里尔曾为短跑成绩停滞不前而苦恼。后来他观察到袋鼠虽然拖着个大袋子，大腹便便的，可是仍然能跑得很快。他发现袋鼠跳跃时总会先俯下身子，把腹部贴近地面，随后再一跃而起。舍利尔模仿着一试，果然取得了很大的进步。后来，人们根据袋鼠的起跳方式，发明了助跑器。蹲踞式起跑最早出现在1887年，但是直到1936年的第11届奥运会，使用助跑器的蹲踞式起跑方式才被运动员们正式采用。

# 会飞的活雷达
# ——蝙蝠

学名：蝙蝠。
家族：脊索动物门哺乳纲翼手目。
分布：世界各地。
种类：全世界已知的有900多种，
中国已知的有81种。

　　万籁俱寂，伸手不见五指的黑夜降临了。然而，这样的黑夜却并不安宁，各类夜行的飞虫趁着夜色出来活动了。树林里，一只蝙蝠展开它那柔软的翅翼滑进夜空。这种会飞的动物是鸟吗？当然不是，尽管它张开的双翼像鸟的翅膀，但身体表面却没有羽毛，而是覆盖着哺乳动物身体表面那样的毛。它的脑袋也不像鸟的脑袋，而是很像老鼠的脑袋，所不同的是有一双非常大的耳朵。事实上，它就是一种会飞的哺乳动物。

## 用耳朵"看"世界

蝙蝠口鼻部的结构很特殊。在飞行时，蝙蝠收缩咽喉肌，就可以从口鼻部发出一种超声波。这种超声波传播开去，碰到树木、建筑、小昆虫或其他动物等东西时，就会及时反馈。反馈回来的超声波，可以被蝙蝠天线般的又大又灵敏的耳朵接收到。蝙蝠的大脑可以迅速地对反馈的超声波信息进行分析，以判断前方的情况。借助这一本领，蝙蝠能够成功地避开障碍物，发现前方的飞蛾等飞虫。

因此，虽然动物们都觉得蝙蝠长得难看，但没人敢瞧不起蝙蝠。因为蝙蝠拥有其他动物没有的高科技装备——"雷达"。蝙蝠的飞行速度可以达到每小时50千米，依靠在1秒钟内捕捉和分辨250组音波回音的超强"分析能力"，它能在黑暗的夜空中来去自如。

瞧，蝙蝠在黑暗中翻飞着，在树丛间灵活地穿行，并张开大嘴捕捉飞虫，作为食物。夜这么黑，它是靠什么看清前方的情况呢？

科学家对蝙蝠进行研究后发现，它靠的是一种很奇特的本领——回声定位。

## 潜艇的耳目——声呐

1938年，哈佛大学教授格里菲恩利用当时已经使用的声呐探测器对蝙蝠的飞行进行监控，发现蝙蝠能够发射"回声定位超声波"。蝙蝠的这种回声定位功能的原理和当时已经应用的雷达——无线电定位器的原理很相似。但是，雷达的质量从几十到几千千克不等，而蝙蝠的体积却小得多，其功能却比雷达优越。

声呐是现代大型水面舰艇及潜艇上不可缺少的电子设备之一。装有声呐的潜艇能搜索和跟踪水下目标，如敌方潜艇和水雷，并对目标进行敌我识别，测定水下目标的运动要素，以供反潜武器射击指挥用。如何更好地发挥声呐作为潜艇的"耳目"作用呢？科学家进一步深入研究和应用蝙蝠的回声定位系统，通过模仿蝙蝠按照目标情况随时调整脉冲和方向的探测方法，提高了声呐的灵敏度和抗干扰能力。此外，科学家根据某些蝙蝠接受和反射弱信号的超声波的能力，改进超声波测距仪的性能，从而准确地测算出敌方潜艇的位置，以便准确地对目标进行攻击。

## 蝙蝠大家族

蝙蝠属于翼手目动物，翼手目动物的种族数量仅次于啮齿目动物。在蝙蝠家族里，成员之间的体形相差很大，大个子狐蝠长得像只小狗，翼膜展开有2米，而最小的猪鼻小蝙蝠翅膀展开只有14厘米。

不同蝙蝠的口味也不相同。墨西哥兔唇蝠最会捕鱼，一个晚上能捕30多条小鱼；食虫性蝙蝠一年吃掉相当于体重180倍的昆虫；吸花蜜的蝙蝠还能为葫芦树、仙人掌等一些在夜间开花的植物传粉。还有的蝙蝠捕捉青蛙、吸动物的血甚至吃其他蝙蝠。

蝙蝠有极强的家庭和集体观念，没有一只蝙蝠是单独生活的，它们都住在一起，常常几十万只甚至几百万只聚集在一起，到了夜晚一起出去捕捉飞虫，过着非常快乐和谐的生活。

## 蝙蝠侠与冲出荧幕的蝙蝠战车

自从1941年蝙蝠侠首次在漫画中露面以来，他的"蝙蝠车"就成为漫画迷心目中的第一战车。第五代蝙蝠车长4.5米、宽3米、高1.5米，总重达到2.5吨，是根据兰博基尼LP640和悍马的优点设计的。蝙蝠车并不是不会动的电影道具。2008年7月6日，为了庆祝电影《蝙蝠侠前传2：黑暗骑士》的上映，蝙蝠车与丰田F1车队一起亮相于英国银石赛道，可以与赛车相媲美。与众不同的是，蝙蝠车还拥有一项绝技——跳跃，垂直起跳高度可以达到1.8米，还能一下子跳出18米之远。

# 海上智叟——海豚

学名：海豚。
家族：脊索动物门哺乳纲鲸目。
分布：世界各大洋。
种类：全世界已知的约有62种。

如果让海豚和鱼雷快艇在海上比赛，海豚不见得会输给鱼雷快艇，它可以说是海中的游泳高手，除了时速超过100千米的剑鱼和旗鱼，海豚少有对手。海豚还具有发达的大脑，可以让左、右脑分别休息。同时，海豚可以一刻不停地在海中游泳，算得上是个耐力高手。

## 模仿海豚的宝马H2R汽车

科学家们早已发现，流线型的车身能够高效率地提高车速，而在银色的宝马H2R身上，我们可以清晰地看见海豚流畅的身形，设计人员从海豚完美的身形中得到灵感，使H2R几乎突破了空气阻力的阻挡，这在现有的汽车中是非常少见的。在光滑的流线型车身和强大的内燃发动机的帮助下，H2R的最高车速可以达到每小时302千米，可以说是世界上跑得最快的汽车。

## 海豚的集体智慧

在南非曲折的海岸线外，上涌的冰冷海水和流向北方的寒流带来了丰盛的食物。海面下，成千上万条鳀（tí）鱼被吸引而来。一群海豚发现了这一大团猎物，把它们驱赶到一块儿。海豚在庞大的鱼群外徘徊，看起来它们数量不是很多，没有足够多的同类，它们很难长久控制鱼群。现在该是求援的时候了。海豚一条接一条地跃出水面，同时做着旋转空翻动作。这种腾空跳跃有着明确的含义，那就是"快来帮我们抓鱼吧"，这在几千米之外都能看见。其他海豚看到这些跳跃动作，明白这是求援信号，于是立刻向鱼群方向游去。

当后援军到达战场后，海豚们开始发动集团进攻。海豚们在鱼群外快速穿插，产生了一团团的气泡。"气泡墙"把鱼群挡住了。惊慌失措的鱼群被海豚越赶越拢，变成了一个快速旋转的"大球"。海豚把鱼群驱赶到海面，现在鳀鱼再也无路可逃了。海豚大军依然牢牢控制着鱼群外围，然后轮流冲进鱼群捕鱼。海狮、鲣（jiān）鸟也加入了捕食的行列，海豚的辛勤劳动也给它们带来了好处。不一会儿，庞大的鱼群就被众多的掠食者们消灭殆尽了。

## 海豚与潜艇

　　科学家经过多年研究发现，海豚的皮肤是其游泳快速的主要原因之一。由此，科学家根据海豚的皮肤仿制成"人造海豚皮"，将"人造海豚皮"包裹在潜艇表面，使得潜艇在水中受到的阻力至少降低一半，大大提高了潜艇的速度，也节约了燃料。

　　研制潜艇时，科学家从海豚身上获得的最大启发是海豚的通讯方式。海豚能发现几米以外直径0.2毫米的金属丝和直径1毫米的尼龙绳。它的目标识别能力很强，能区分自己发声的回波和人们录下它的声音而重放的声波。此外，海豚的抗干扰能力也是惊人的。如果有噪声干扰，它会提高叫声的强度来盖过噪声，使自己的判断力不受影响。超声波是水中最理想的探测资源。所以军事科学家模仿海豚，给潜艇装上了声呐，让潜艇能像海豚一样发出超声波并利用回声分析海底的状况。因此，声呐好比潜艇的眼睛，是潜艇水下活动时的主要探测工具。声呐包括噪声声呐和回声声呐，其中噪声声呐能对舰船进行被动识别、跟踪、测向和测距；回声声呐能主动测定目标的方位、距离和运动要素。

你知道为什么海豚游得这么快吗?

这是因为海豚特殊的皮肤结构和流线型的身形,大大减小了水的摩擦阻力,身体周围几乎不产生小漩涡,所以海豚就能快速地游动了。

## 拥有非凡智慧的海豚

聪明的海豚是令人着迷的动物。它们性情温驯,很乐于与人亲近,有时候甚至表现得比马或狗更加友好。我们常听说海豚勇救溺水者的新闻,这也许是因为海豚喜欢托举物体的天性成就了它的这番义举。在水族馆里,海豚按照驯兽师的指示,做着各种美妙的动作。海豚经过训练,可以执行排雷、巡航、侦察的任务。近年来,有的地方开始用海豚来治疗儿童自闭症。通过与海豚接触,孩子们的脸上又露出了笑容。科学家们认为这是因为海豚发出的超声波可以对人的神经中枢产生刺激,但这更多的或许还是因为海豚的亲和力吧。

# 不怕高血压的长颈鹿

学名：长颈鹿。
家族：脊索动物门哺乳纲偶蹄目。
分布：主要生活在非洲热带、
　　　亚热带广阔的草原上。
种类：全世界已知的有10余种。

　　早晨，太阳还没有露脸，一头长颈鹿踱着方步，竖着机警的耳朵悄无声息地出来了。经过雨水的洗礼，金合欢树长得又高又密，给长颈鹿带来了最好的食粮。长颈鹿身高体壮，稍微一抬头，就吃到了那最嫩、最多汁的树叶。与此同时，对周围几千米范围内的情况，长颈鹿也了然于胸。

　　金合欢树的枝叶太繁密了，长颈鹿很快就填饱了肚子，它现在最想做的事就是去喝点水。不远处就有一片湖，远远看去只有些小动物在活动。长颈鹿撒开长腿，快速地奔向湖边。到湖边立定后，与往常一样，它再次环顾四周，确保短时间内没有猛兽来袭后，才小心地叉开双腿，慢慢地、尽可能地把头降低到水面，然后大口喝水。感觉水已经喝够了，长颈鹿立即起身，抬起那漂亮的、被厚厚的皮肤包裹着的长脖子，让身体快速恢复正常的状态。

## 动物界的高血压"患者"

长颈鹿是世界上最高的陆地动物，高达5.78米，相当于两层楼高。长颈鹿每天俯身喝水时都很小心翼翼，虽然在抬头的一刹那脑袋还是有些胀，但它们对此已经驾轻就熟了。因为一抬头、一低头之间，它们的头部要经受高达4米左右的落差，血压自然有不小的变化。长颈鹿的血压是人的正常血压的3倍，若其他的动物有这样高的血压，早就血管爆裂了。长颈鹿能安然无恙的原因就是长颈鹿血管周围的肌肉非常发达，能够压缩血管，控制血流量。此外，它们的颈部皮肤很厚，动脉在那里分化成很多的血管，以此来帮助控制血压。

## 抗荷飞行服

军事学家发现，战斗机在突然爬升时，由于惯性的作用，飞行员体内的大量血液会从心脏流向双脚，使脑部缺血；严重的话，还会导致机毁人亡。根据长颈鹿对血压的控制原理，科学家研制出充气式抗荷飞行服。这种飞行服在战斗机急剧上升或下降时，由气泵向飞行服内的气囊充气，从而压迫血管使血液无法流动，以限制血液大量流出或流入大脑。这种飞行服大大保护了飞行员的安全，但仍有不足之处。

为了提高飞行服的性能，科学家又研制出充液式抗荷飞行服。这种充液式抗荷服看起来就像贴身的潜水服，外层是坚固的不可伸缩的材料，内层为可伸展的防水隔膜。夹在两层之间的是水管，水管内注有液体。在高压情况下，飞行服下部的管道因液体增多而膨胀，压迫飞行服的内层。这样就阻止了血液向脚部流动，确保大脑供血充足。这种抗荷飞行服不需要额外的调节系统，因此性能更加优越。科学家正在对这种新型的充液式抗荷飞行服进行试验，力争早日得到应用。

## 母爱的伟大力量

　　当长颈鹿遇到群狮又无法逃脱时，它该怎么办呢？是丢下孩子独自离去，还是与群狮周旋到底伺机逃脱呢？如果是在平时，长颈鹿妈妈早就撒腿跑了，但此时它绝不愿意丢下自己的孩子。瞧，长颈鹿妈妈把孩子夹在两腿之间，不停地蹬着地发出警告。狮子虽然兽多势众，但也十分清楚如果被长颈鹿的蹄子蹬上一脚，那可不是闹着玩的。它们只能试探着轮番进攻。长颈鹿妈妈的身高占据了优势，就像一个瞭望塔一样，把狮子的一举一动都看得十分清楚。一只狮子想趁其不备从身后偷袭，长颈鹿妈妈立刻毫不客气地扬起了蹄子，逼退了狮子。就这样，它一次次地击退狮子的进攻，护着孩子一点一点地向外挪动。终于到了开阔地带，母子俩突然一个转身，向着大草原上飞奔而去。而在这里，狮子根本追不上长颈鹿。母子俩也总算是逃过了一劫。

　　这场战斗没有胜负，但是展现了长颈鹿的深深母爱。它所爆发出惊人的力量，能创造出一个个奇迹。

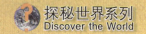
# 御敌有术的斑马

学名：斑马。
家族：脊索动物门哺乳纲奇蹄目。
分布：非洲东部、中部和南部的
　　　草原上。
种类：全世界已知的有10余种。

说起斑马，大家的脑海里一定会浮现身着黑白相间的"迷彩服"的身影。斑马的外形与其他的马没有区别，只是它们的耳朵比其他马的耳朵大些，耳郭的毛长在里面。在开阔的草原和沙漠地带，"黑白"条纹在阳光的照射下，起着模糊或分散其体形轮廓的作用，放眼望去，很难与周围环境分辨开来。

## 寻找水源

斑马离不开水，每天都要喝大量的水。因此，它们具有一个高超的本领，能寻找水源。如果它们找到一个干涸的河床或可能有水的地方，就集体用马蹄刨土，挖出一米多深的水井。

## 团队意识强

斑马的集体主义精神很强，常常是几十匹、上百匹乃至几百匹合成大群生活在一起。它们的性格大多很温和，有时也和羚羊、鸵鸟、长颈鹿等其他动物生活在一起，共同防御敌人。它们的嗅觉、听觉都很灵敏，但是视觉并不太好，所以往往需要长颈鹿这个称职的"瞭望哨"给它们报警，才能及时脱离危险。斑马之间和平共处，遇到危险就团结一致，集体作战，在老斑马的带领下，围成一圈，屁股朝外，把小斑马围在圈里，用后马蹄猛踢敌人。

你知道为什么每匹斑马身上的条纹各不相同吗？

我知道。因为在雌斑马怀孕早期，一个固定的、间隔相同的条纹形式就已经确定在胚胎之中了。在胚胎发育的过程中，由于身体各部位发育的情况不同，所以小斑马出生后，各部位所形成的条纹也就不一样了。

## 斑马大家庭

斑马的家乡在非洲。山斑马的体形比较小，身上的条纹细密，臀部的条纹很宽，上方脊柱处有一片铁格架子式的条纹，喜欢在多山和起伏不平的山岳地带活动。细纹斑马是最漂亮的一种斑马，它的体形比较大，肩高为140～160厘米，有一对长而阔的圆尖耳朵，主要生活在炎热、干燥的半荒漠地区，如肯尼亚北部、索马里和埃塞俄比亚等。平原斑马在平原、草原上都能生活。

## 马戏团的老演员

山斑马在群居生活中很温和，但很难被驯养。一位老船长在他所著的《马的特点》中对各种斑马的可用性做了比较。他在不到一个小时的时间里就给一匹山斑马上了鞍和缰绳，但在接下来的两天内他根本就没办法把它的脖子拉向任何一个方向。尽管他在马戏团的环形场内驯服了这匹斑马，但一旦拉到户外，就再也无法控制住它。所以，他发现平原斑马容易训练，而且在人为的饲养下能生活得很好。因此，在许多动物园和马戏团中都有平原斑马。

## 独一无二的条纹

斑马身上漂亮而雅致的条纹其实是同类之间相互识别的重要标记，同时也是适应环境的保护色。近年来科学家研究发现，斑马身上的条纹可以分散和削弱草原上舌蝇的注意力，以防止被舌蝇叮咬。舌蝇是传播疾病的媒介，它们经常叮咬马、羚羊和其他单色动物，却很少威胁斑马的生活。

此外，每匹斑马身上的条纹是独一无二的，有的宽阔，有的狭窄。就像人类的指纹、瞳孔的颜色、树叶的形状一样。

受斑马的启发，人们将条纹保护色的原理运用到海上作战领域。水手们在军舰上涂上类似于斑马条纹的色彩，以此来模糊对方的视线，达到迷惑敌人、隐蔽自己的目的。

## 斑马线

19世纪末，随着汽车工业的蓬勃发展，城市内车水马龙。人们如果还在街道上随意穿行，就会阻碍交通。受斑马的启发，20世纪50年代初期，英国人在街道上设计出一种横条状的人行横道线，行人在穿过街道时，只能走此线。由于城市街道人行横道上的一条条白线很像斑马身上的条纹，人们就把它称为"斑马线"。斑马线能引导行人安全地过马路。

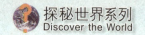
# 有情有义的大力士
# ——大象

学名：象。
家族：脊索动物门哺乳纲长鼻目。
分布：主要生活在热带和亚热带
　　　地区。
种类：2种，包括亚洲象和非洲象。

　　大象是现存陆地上最大的动物。这位"陆地之王"性情温和，样子憨厚，力大无比，是人们最喜欢的动物之一。巨大的体形既是它们成功繁衍的秘密，也是它们能够适应自然环境的原因。作为反刍动物，需要大型的消化道来消化粗糙的植物。大象身体长得很大，因而可以在广袤的草原上与数量众多的羚羊等动物进行生存竞争。此外，大象有一条柔韧而肌肉发达的长鼻，能灵活地做出缠卷的动作，是它们自卫和取食的主要工具。

## 惊人的记忆力和领导才能

大象是一种非常聪明的动物。它们能够在镜子里认出自己。据英国《每日邮报》报道，英国科学家发现，大象具有超强的记忆力，能够记住十几年前发生的重大事件，报复那些曾经伤害过它们的人。研究结果显示，在遭受旱灾的时候，象群如果是由一头年长且曾经历过旱灾的母象来领导，它们存活下来的概率会大大提高，因为大象的记忆力非常强。年长的母象渡过灾难的经验，能帮助象群更快地找到水和食物。在干旱严重的非洲地区，这样的例子屡见不鲜。

大象惊人的记忆力还表现在其他方面，大象最多能辨认30多个亲属，即使在分开几年后它们也依然记得。科学家经过长期研究后发现，象群中的雌性大象能够同时记住至少17个家庭成员，最多时可达30个。在寻找食物的过程中，大象还能通过同类的气味知道哪头大象掉了队，哪头大象正在别的象群中活动等情况。所以别看大象个子大，看上去笨头笨脑，其实一点儿都不笨。

你知道大象能活多少岁吗？

据记载，最老的大象能活到80岁，大多数大象能活到50岁左右。大象死亡的主要原因是牙齿磨损后无法消化食物而饿死。

## 踮脚走路的"巨人"

尽管体重超过3吨，但大象仍能像大多数哺乳动物一样踮起脚尖走路。大象是唯一四个膝盖都朝向前面的哺乳动物，因此当它们站起来时需要一个额外的杠杆作用。它们不能跑和跳，不过它们可以安静地行走，走路的最快速度可达每小时24千米。它们也可以用脚去"听"，感觉10米以外的其他大象的超低频叫声，而这种声音是人类所听不到的。

在草原和沙漠之间不停迁徙的大象，也常常要穿越那些表面看起来绿草如茵、实则暗藏深深泥潭的沼泽地，但是很少有大象会陷进沼泽地里。原来，大象走路的时候，其体重是通过踝关节和脚间距离来分配到每一个脚掌和扇形跖骨上，它们总是边走边啃食沼泽地上的绿叶，安详而从容；由于脚掌的收缩，体重可以减轻而不至于陷入泥泞的沼泽地里。

根据这个仿生原理，科学家在汽车上复制出了象脚的自然功能——可以交错扩张和收缩的机械，从而使巨大质量的车辆可以如动物般行驶。设计师西特·米德设计了一种回转平衡行走的货车，用于在北极地区运送物资和器材。

## 扇子状大耳朵
### ——身体的散热器

　　巨大的体形对大象来说是一个挑战。为了防止身体过热，大象的耳朵演化为一个可以防止因身体极度过热而死亡的器官。与大部分身体上所包裹的厚厚的皮肤不同，耳朵上的皮肤就像纸一样薄。每只耳朵像一条单人床单那么大，当它扇动起来时，流动的空气最多可以将体内血液的温度降低5℃。耳朵上的一系列血管的作用就像汽车散热器上的格栅一样，其分布的形式对于每头大象而言都是唯一的，如同人类的指纹。

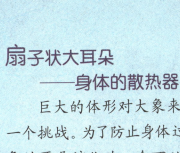

## 超级实用的长鼻子

　　大象面临的另一个挑战就是喝水。当它们俯身跪下的时候，很容易受到攻击。不过大象在这个问题上解决得十分完美，就是它拥有一条长约2米、重约180千克的鼻子，鼻子上的肌肉数量是人类全身肌肉的100多倍。它不仅能吸起4.5升的水，而且还可以充当胳膊、手、通气管道和武器。大象的鼻子非常有力，猛然一甩就可以杀死一头狮子，而鼻子的末端具有像手指一样的突起，甚至可以捡起一粒米。

# 森林的宠物——松鼠

学名：松鼠。
家族：脊索动物门哺乳纲啮齿目。
分布：除大洋洲、南极洲外的世界各地。
种类：全世界已知的有200余种，我国已知的约有24种。

松鼠的面容清秀，眼睛闪闪发亮，行动敏捷，动作轻盈，四肢强健，长有锐利的爪子，再衬上一条蓬松、美丽的大尾巴，显得格外漂亮。松鼠不像其他的鼠类那样爱躲藏在地洞里，它们喜欢在高处活动，像小鸟一样住在树上，在树冠之间跳跃。

## 性情温顺的宠物

松鼠是非常温顺的小家伙。你要温柔地对待它们，这样它们也会温柔地对待你，绝对不会用牙齿伤害到你。当然，它们会用牙齿轻轻地啃你的手指，与你玩耍，你会感觉很痒。这是它们对你友好的表示。

## 摘松子的能手

　　松鼠的嗅觉极为发达，能准确无误地辨别松果果仁的虚实。不管松果的外壳是否完好，松鼠只要用鼻子闻一闻，就知道松果里有无松仁。因此，松鼠是摘松果的能手。无论树有多高，球果长在何处，只要松鼠想要得到，就能口到食来。它们先将成熟的球果咬断落地，然后从树上跳下来，用前足扒开球果的鳞片，咬碎种皮，取出松仁。有趣的是，当松鼠在摘松果时即使受到惊吓也不肯放下食物，而是叼着松果逃跑。

## 储存食物的高手

　　每当秋季松子成熟时，松鼠就奔来跑去，把摘到的松果运送到安全的地方藏起来，几粒或几十粒作为一堆，埋在地下作为它的过冬食物。冬天大地虽然被厚厚的积雪覆盖，但松鼠凭借它们的嗅觉，仍能毫不费劲地找到所藏的食物。松鼠通常将过冬的食物分几个地方贮存，有时还在树上晒食物，以防止食物腐烂变质。这样，即使在寒冷的冬天，松鼠也不怕没有食物享用了。

## 勤劳的建筑设计师

松鼠常常在树枝分叉的地方搭建自己的小窝。松鼠的窝既干净又暖和。它们搭窝的时候，先将捡来的小木片交错着放在一起，再把一些干草编扎起来，然后用前足把干草挤紧、踏平，使自己的窝足够宽敞、坚实。松鼠的窝口朝上，有些狭窄，勉强可以进出。最关键的是，松鼠的窝口有一个用干草编成的圆锥形的盖，像一个锅盖，可以把整个窝遮蔽起来。这样，下雨的时候，雨水会顺着这个盖向四周流去，不会落进窝里，保护窝里的小宝贝们不被淋湿。

## 多功能的大尾巴

每年夏季，松鼠的全身都是红毛。但是一到冬天，松鼠的毛就变成灰褐色的。松鼠常常会用爪子和牙齿梳理全身的毛，所以它们的身上总是干干净净的。

松鼠的大尾巴非常有用。首先，它是最保洁的尾巴，能当作一把扫帚，可以扭着屁股扫地。其次，松鼠的尾巴是最实惠的尾巴，松鼠睡觉的时候喜欢用尾巴当作被子盖在身上。阳光刺眼的时候，松鼠们会用毛茸茸的大尾巴来遮阳。如果发现危险，它们就会上下挥舞尾巴向其他松鼠传递警报信号。它们在大树间自由自在地跳跃、穿梭，除了有强健的双腿之外，它们的大尾巴也发挥了很大的作用，可以在跳跃过程中用来保持身体的平衡。此外，松鼠的尾巴毛茸茸的，还能用来保暖以及保护松鼠宝宝的安全。

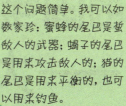

松鼠的尾巴有这么多用途，你知道其他动物尾巴的作用吗？

这个问题简单。我可以如数家珍：蜜蜂的尾巴是蜇敌人的武器；蝎子的尾巴是用来攻击敌人的；猫的尾巴是用来平衡的，也可以用来钓鱼。

## 能对付响尾蛇的地松鼠

地松鼠和松鼠都是自家兄弟，但并不相同。地松鼠在树上的跳跃本领不如松鼠，但地松鼠地上钻窟窿打洞的本领让松鼠自愧不如。生活在美国西部的地松鼠可以通过使尾巴升温，同时摆动尾巴来对付响尾蛇。地松鼠利用响尾蛇能感知热源的红外线辐射的特点，让尾巴变热，以此表明自己已经发现了响尾蛇的行踪，同时有可能会对响尾蛇展开攻击。当地松鼠竖起尾巴时，响尾蛇会处于防御状态。研究人员发现，响尾蛇一般只会攻击未成年的地松鼠，咬死并吃掉它们。因为成年地松鼠的血液中含有一种蛋白质，使它们不会因蛇毒而死亡，因此它们不是响尾蛇的目标。

# 中国的国宝 ——大熊猫

学名：猫熊。
家族：脊索动物门哺乳纲食肉目。
分布：中国四川、陕西等周边地区。
种类：中国的特有物种，只有1种。

　　2008年人气最旺的动画明星，非"功夫熊猫"阿宝莫属。这位中国的国宝，被好莱坞重新包装成了一位憨态可掬的功夫小子，这部电影成为当年好莱坞最卖座的动画电影。大熊猫一直以来是人们最喜爱的动物之一，它憨厚可爱的长相和日渐稀少的数量，使它成为动物界中的"明星"。

　　早在200多万年前，大熊猫就大量生活在我国的南部地区。当时的许多动物如剑齿虎等都已灭绝，只有大熊猫生存至今，堪称自然界的"活化石"。目前，全世界野生的大熊猫总数约为1590只，而且数量正在不断减少，其中一大部分还是在动物园或国家自然保护区内。

## 爱吃竹子的国宝

大熊猫喜欢居住在高山竹林中。大熊猫的祖先是始熊猫，最早以食肉为生。稍后，始熊猫进化为兼食竹类的杂食兽。后来，大熊猫的体形逐渐增大，以竹子为食。箭竹、方竹及其他竹类约占其全部食物总量的99%。一只成年的大熊猫每天要吃20千克左右的鲜竹。大熊猫每天除了睡觉和短距离活动外，就爱吃东西，大约要吃14个小时。

## 既能爬树又会游泳

大熊猫具有一些特殊的本领，如爬树和游泳。看上去，大熊猫的行动很迟缓，好像十分笨拙。其实，大熊猫一点也不笨。它们个个都是爬树的高手。在它们小的时候，每天至少要爬一次树。如果遇到危险，它们就会迅速爬到树梢上。只要有水塘，它们就会尽情地游泳。

## 撒尿与社会地位

雄性野生大熊猫在树上留下气味记号时，会抬起一条后腿，像公狗一样，然后把尿往树的高处撒去。尿撒得越高，表明这只大熊猫的社会地位越高。

> 从1957年至1982年，你知道我国共赠送了多少只大熊猫给外国呢？

> 我知道，我国赠送给日本、朝鲜、美国等9个国家，共计23只大熊猫。

## 熊猫醉水

　　由于大熊猫所吃的竹子比较干燥，为了补充生理所需的水分，大熊猫几乎离不开水，它们随时随地都想喝水，所以它们总把家安在山清水秀的地方，便于随时畅饮。严冬季节，大熊猫会用前掌击碎冰层饮水；干旱季节，它们会下到很深的山谷中找寻水源，直到喝得腹胀肚圆才肯离去。有时，实在喝得走不动了，就干脆躺在溪边，好像一个喝醉了酒的醉汉。于是，当地人将大熊猫的这一行为称为"熊猫醉水"。

## 不会冬眠的活化石

　　大熊猫不怕寒冷，即使在寒冷的冬天，它们依然在白雪皑皑的竹林中穿行，根本不像黑熊、棕熊那样躲在树洞里冬眠。这主要是因为它们是从第四纪冰川中走过来的勇士，所以根本不畏惧严寒。

## 和平大使

　　大熊猫是世界上最珍贵、最稀有的动物，被世界野生动物保护协会选为会标，它还肩负着"和平大使"的重任，传递中国人民的友谊，出访了许多国家和地区，深受各国人民的喜爱。

## 吉利熊猫汽车

国外汽车界早已将各种动物形象运用到了汽车的设计上。2008年11月，中国也出现了第一款采用仿生外形设计的汽车——吉利熊猫。这也是全球继大众甲壳虫后第二款以工程仿生设计的时尚汽车。这款汽车名副其实，前大灯像是熊猫的黑眼圈眼睛，而后大灯由一只心形大灯和四只小灯组成，活像一只可爱的熊猫手掌，圆圆的车尾就像是熊猫的大屁股。整体设计别具匠心，即使车内的座位和内饰也采用了深浅相间的颜色，酷似熊猫身上的花纹。这款汽车仅仅凭借外形，就受到了消费者的欢迎。吉利汽车为熊猫申请并通过的外观专利就多达10项，实用新型专利21项。

2009年年初，美国《商业周刊》综合车型尺寸、发动机性能、排放系统、耗油量等标准排出了"世界最小车"榜单，吉利熊猫名列第七位。

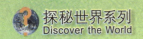
# 洪水中救子的红毛猩猩

学名：猩猩。
家族：脊索动物门哺乳纲灵长目。
分布：现在仅存于苏门答腊的北
　　　部和婆罗洲的大部分低地。
种类：1种。

　　红毛猩猩是一种聪明、有趣、温驯、喜欢搞恶作剧的动物。红毛猩猩与人类的行为极其相近，故被人们称为"树林里的妇人"。它们喜欢在树上荡来荡去，过着逍遥自在的日子。在红毛猩猩的原产地——婆罗洲，它们被称为"森林之人"，只因它们特别喜欢在树上玩耍，并且长得十分像人。

## 猩猩母子长相不同

　　母猩猩的体长为1～1.5米，体重为65千克左右，体毛长而稀少，毛发为红色，较粗糙。小猩猩的毛发为亮橙色。母猩猩的面部赤裸，为黑色，而小猩猩的眼部周围和口鼻部为粉红色。

## 不会游泳的母猩猩洪水中救子

2009年3月，世界自然基金会抓拍到一组令人感动的画面。一只被困树上数天的大猩猩为救幼子，不顾洪水肆虐，背上被困水中的孩子，游过洪流而得救。

照片拍摄于马来西亚的婆罗洲岛。因为洪水，母猩猩和它的幼子都被困在了树上。突然，小猩猩掉进了水里。母猩猩焦急万分，不安地叫嚷着，几次都想跃入水中。当地村民也想不出好的办法来解救这对母子。幸亏世界自然基金会的工作人员及时赶到，给母猩猩扔过去一条绳子。大家都知道猩猩生性怕水，但是这只目睹孩子落水的母猩猩根本就没有犹豫，第一时间抓住人们给它扔去的绳子，将绳子一头拴在树上，自己顺着绳子从树上下到水中，背上孩子，然后在水中奋力划动，向岸边游去。母猩猩并不太擅长游泳，游得十分吃力。让人感动的是，在水里的时候，母猩猩始终努力保证小猩猩的头部露出水面，以免它被水呛到。在人们焦急的注视下，母子俩终于抵达了岸边，母猩猩也早已是精疲力竭了。世界自然基金会的工作人员不无感慨地说："众所周知猩猩是怕水的，但如果情况紧急，尤其是涉及它们孩子的安全时，它们是会不顾生命危险去救孩子的。"

你知道红毛猩猩最喜欢吃的水果是什么吗?

我知道,是榴梿。

## 捍卫自己的领地

一旦有入侵者进入自己的领地,红毛猩猩知道如何装出一副唬人的样子来捍卫自己的领地。它往往用夸张的姿势吓退进犯者,比如嘴里发出"轰隆隆"的声音,似乎是宣告自己的存在和领地的不可侵犯性。猩猩发出的这种声音往往在几千米以外的地方都能听到。红毛猩猩习惯于在白天觅食,每天夜里都要在离地12～18米的高处筑一个新窝。

## 与人类亲缘关系最近的动物

1400万年前,猩猩与我们的祖先分道扬镳,后来它们在东南亚定居下来,达到鼎盛期。如今,猩猩和非洲的黑猩猩、大猩猩一样,是与我们人类亲缘关系最近的动物。

## 猩猩的家遭到破坏

　　马来西亚和印度尼西亚都已经建立了主要的森林保护区。超过90%的野生猩猩都生活在印度尼西亚，然而在20世纪90年代，印度尼西亚发生的经济和政治动乱使得人们开始在受到保护的地区伐木。这场动乱最后引发了婆罗洲毁灭性的森林大火。自此，该地区开始长久受到厄尔尼诺现象的影响。与1个世纪以前相比，猩猩的数量已经减少了超过92%，剩下的种群仅分布于一些小岛。而且它们将继续被隔离，因为猩猩很少向别处"移民"。因此，为了防止猩猩在野外灭绝，人类需要对剩下的森林进行积极的保护和认真的管理。

## 西必洛红毛猩猩康复中心

　　印度尼西亚和马来西亚两国政府正做出积极努力，以挽救红毛猩猩。位于马来西亚婆罗洲的西必洛红毛猩猩康复中心正是一系列拯救计划中的一部分。从1964年起，这个康复中心就开始收救和保护红毛猩猩，教导幼年猩猩攀爬的技巧。今天的西必洛红毛猩猩康复中心已经成为马来西亚旅游和环境发展部直属的野生动物保护机构。

# 势在必得
## ——群狼在行动

学名：狼。
家族：脊索动物门哺乳纲食肉目。
分布：欧洲、亚洲及美洲等地区。
种类：全世界已知的约有19种。

　　狼是一种贪婪的食肉动物，它们的视觉、嗅觉和听觉都十分灵敏。狼的食量很大，一次能吞食十几千克的肉，口中尖锐的犬齿能将食物撕碎，几乎不用细嚼就能吞下去。狼主要捕猎小动物，有时也敢袭击大动物。

## 合作与友爱的群居生活

　　狼由一个或数个家族集合成一个大集团，过着群居生活。在野外，一只孤独的狼的生存概率很低。因为无论速度还是敏捷性，它都无法与猎物相比。因此，狼选择了一种更为合理的生存方式，那就是通过共同狩猎确保集体的存活。世界上恐怕再也没有哪一种动物能比狼对它的团体倾注更多的热情，这也许就是狼历尽千辛万苦仍然生存至今的原因吧。

## 会接力赛跑的狼

野兔奔跑的速度让狼望尘莫及。可是，野兔仍成为狼的口中美餐。这是为什么呢? 原来，机智的狼会接力赛跑。当第一只狼看见野兔时，它会尾随猛追; 而第二只狼则抄近路赶到第一只狼的前面接着追，这样野兔根本没法休息。最后，当野兔精疲力竭的时候，只能落入狼的口中。

## 能与其他动物合作捕猎

有时，狼也与其他动物合作捕猎。阿拉斯加的幼狼在学习捕猎时，听从北极狗的指挥，偷偷潜进孤单、病弱的驯鹿身边，然后群起而攻击，咬破驯鹿的喉管，扯断它们的脚筋，与北极狗一起分享美食。

## 狼在人们心中的地位

在草原牧民和因纽特人的心中，狼的勇气和智慧赢得了他们的尊重，印第安人部落还把狼作为他们的图腾。

此外，古人相信，狼的身上存在着令人崇拜的神奇力量，在许多神话传说中，狼都占有特殊的地位。

你知道狗是由什么动物演化而来的吗?

我知道。狗是由狼演化而来的。

## 复杂的社会组织

狼群里有着复杂的社会组织。经过争斗后，最强壮的一只公狼会成为狼群的领袖，再和一只母狼组成一对领导者，负责巡逻领域边界，解决成员争端，并控制队伍的迁徙。狼群社会秩序的最底层常常是被狼群逐出的分子，生活在队伍的最边缘，以吃狼群吃剩的食物活命。狼群的这个社会系统由很复杂的信号语言建立起来并维持至今。这种信号语言包括尾巴、耳朵、嘴巴及身体的许多动作、发出的声音。这些信号语言体现了每一个成员的身份及情绪。例如，狼群中的强者会翘起尾巴瞪着弱者，而弱者则伏下耳朵，以表示臣服。每年冬季，几百万只北美驯鹿都将穿越北极苔原，千里迢迢赶往新鲜草场。庞大的鹿群引来了饥饿的掠食者。十几只狼组成的小股部队悄悄地尾随着迁徙的驯鹿大军。这些狼早已是饥肠辘辘。

## 群狼战术

　　狼群的首领是只足智多谋的公狼。凭借多年的狩猎经验,它一眼就能看出老弱病残的个体。它很快盯上了一头雄鹿,锁定了猎物,它的手下立刻领会这是第一目标。狼群随即分散开来,每只狼都悄悄地占领了鹿群外围的有利位置。狼群首领一声号令,群狼开始发动进攻,直冲向鹿群。这是一种制造恐慌的战术,惊慌失措的鹿群四下奔散开来。混乱中,那只雄鹿落在了后面,看样子它的脚受过伤,跑起来相当吃力。即便如此,以它的速度依然可以敌过群狼。

　　但是,狼并不急于制服它们的猎物,它们分成两支小队,从左、右两翼包抄追击。因为两边都有几只狼,驯鹿便不敢轻易转向,只能一个劲地向前奔跑。狼的速度虽然不快,可是耐力却不错,它们不紧不慢地跟着猎物,左、右两边的小队轮流上前,意在拖垮猎物。

　　终于,精疲力竭的雄鹿再也忍受不了伤口的痛苦,停住了脚步。狼群立刻包围了雄鹿,依次上前发动攻击,雄鹿的最后一点体力在群狼的轮番进攻下也消耗殆尽了,它一头栽倒在地,口吐白沫,绝望地望着天空。这时候,群狼才蜂拥而上,疯狂地撕咬它的身体。直到驯鹿临死的那一刻,它连一声哀号的力气都没有了。

# 动物界的智多星
## ——狐狸

学名：狐。
家族：脊索动物门哺乳纲食肉目。
分布：世界各地。
种类：全世界已知的约有11种。

狐狸是地球上分布最广、数量最多的野生食肉动物。它们具有惊人的适应能力，无论是沙漠，还是在北极圈，几乎在任何地方都可以找到它们的踪迹。与狼相比，狐狸的生存还没有受到太大的威胁。它是完完全全的"机会主义者"，既学会了与人类一起生活，又没有丧失它的野性。

城市里的狐狸很容易被驯服，它们甚至允许你用手喂它们或者像抚摸宠物一样抚摸它们。在1950年苏联的著名试验中，通过有选择的繁殖，研究者们将狐狸的这种潜在的驯服习性保存了下来，20年后，狐狸已经完全失去了对人类的恐惧，它们摇摆着小尾巴，长出了松软懒散的耳朵和黑色的及白色的被毛。它们实际上已经变成了"狗"。

## 性情狡猾的狐狸

据世界各地的研究学者对狐狸的食物研究后发现，狐狸的食谱中不仅有老鼠、兔子等主食，还吃蛙类、鱼类及小鸟。有时，当它们遇到鸟蛋、昆虫及动物的尸体时，它们也绝不放过。由此可见，狐狸是多么的贪得无厌。老鼠和兔子都有一套高超的御敌方法。不过，"道高一尺，魔高一丈"，狡猾的狐狸才不甘心让嘴边的美食溜走，它会全力以赴，依靠自己出色的嗅觉、敏捷的动作、轻巧的跳跃技能，悄然无声地潜近老鼠和兔子，出其不意地将它们抓入"囊"中。

## 单独狩猎

狐狸不会成群结队地狩猎，也不会猎杀猫。狐狸以小家庭生活，但总是单独狩猎。除非迫不得已，它们从不会攻击家猫或家狗，它们也不会因为"开玩笑"而去捕杀鸡。狐狸是喜欢储藏的猎手，它们会尽可能多地捕获猎物，然后把这些猎物一个挨着一个地埋藏在自己的"储藏库"里，作为过冬食品。不过，它们把鸡杀死而不带走的"杀过行为"（比如有狐狸杀了12只鸡，只带走1只，将剩下的11只死鸡留在鸡舍里），至今还是一个未解之谜。

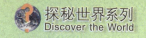

## 迷宫一样的洞穴

狐狸的洞穴有好几个入口，还有几条通向食物储藏室的地道更加迂回曲折，像个迷宫，再向里面便是狐狸的育儿室。有时，狐狸会强占兔子或獾的巢穴，作为自己的家。当它遇到猎犬追捕时，凭着它那狡猾的手段，常常能化险为夷。单独行动的狐狸就算遇到一群猎狗，它也不会害怕。因为无论速度或者持久力，猎犬都不是狐狸的对手。狐狸会躲到一个地方休息后，再与猎犬周旋；有时狐狸还会耍阴谋诡计，把猎犬引到薄冰上，让猎犬落水，自己则悄悄地溜走。

你知道有关狐狸的成语吗？

我知道，有狐假虎威、狐朋狗友等。

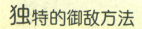

## 独特的御敌方法

人们在捕猎时，常会设置陷阱。狐狸看到后，就跟踪猎人。当狐狸尾随猎人到达每个陷阱处时，它会从尾巴基部的小孔，即肛腺中散发出狐臭来，以留下自己的痕迹，这样也可以让同伴知道陷阱的所在地。假如狐狸不慎被猎人逮住，它还会躺下装死，一有机会马上逃之夭夭。

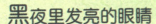

### 黑夜里发亮的眼睛

　　狐狸的眼睛适于夜间观察事物，在光线明亮的地方，它的瞳孔会变得和针鼻一样细小，但因为它的眼球底部有反光极强的特殊晶点，能将弱光合成一束光，集中反射出去，所以，在黑夜里，狐狸的眼睛总是闪闪发亮。

### 狐狸给人们造成的损害

　　狐狸给人们带来的损害远远超过了它们在捕杀鼠类方面的功劳。虽然挖掘草坪和运动场的恶习不完全是它们的错，但是一旦它们误把给草坪施的肥中带有的血和骨头的味道当成腐肉的味道时，它们便会设法寻找这些并不存在的尸体。另一方面，千万别让它们在住所的屋檐下筑巢。夜间，小狐狸玩耍和打架时发出的噪音是人们难以忍受的，这与它们带来的腐肉、尿液和粪便的难闻气味一样可怕。此外，它们还会在人们放在室外的鞋或玩具上留下标记，也喜欢咀嚼电线、电话线以及煤气管和水管。

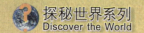

# 陆地上的短跑冠军
# ——猎豹

学名：猎豹。
家族：脊索动物门哺乳纲食肉目。
分布：非洲与西亚地区。
种类：全世界现存1种，印度豹已灭绝。

　　猎豹生活在非洲大陆上，它的毛发呈浅金色，上面点缀着黑色的圆形斑点，从嘴角到眼角有一道黑色的条纹。这道条纹就是我们用来区别猎豹与豹的一个主要特征。猎豹是陆地上跑得最快的动物，时速可达112千米。如果世界百米飞人博尔特与猎豹进行百米赛跑比赛，即使让博尔特先跑60米，最后率先冲过终点的仍然是猎豹。但是猎豹的耐力不佳，无法长时间追逐猎物。如果短距离内无法捕捉到猎物，它就会放弃，等待下一次出击。

## 非洲大草原上的战斗

雨季过后，广袤的非洲大草原一派生机勃勃。金色的阳光洒向大地，照亮了每一寸土地，洁白如雪的云朵像一块块大号的棉花糖，懒洋洋地挂在湛蓝的天空中。平视大草原，成片的嫩绿色草地有如精美的地毯，与远方的原始森林、隐隐约约的山峰错落有致，相映生辉。

十几头羚牛摇着棕色尾巴，正悠闲地在草原上踱步，不时品尝大地赐予的美味佳肴。这群羚牛是一个大家族，四五头小羚牛在草地上撒着欢，七八头成年羚牛围绕在它们周围，一头特别粗壮的壮年羚牛看上去是家族的头领，在咀嚼食物的同时，不时地抬头张望。也许是四周太安静的缘故，渐渐地，羚牛们的队形散开了，一头较为年轻的羚牛远离了大部队。这一切都被静卧在数百米远的草丛中的一头猎豹看在眼里。此时，它站了起来，看似漫不经心地向羚牛的方向走了过去。金黄色的精干身躯，窄窄的腰身，有力的四肢，黑色的斑点随着呼吸一展一缩。

猎豹已经把那头落单的羚牛当成了自己的晚餐，它在计算双方的距离，一旦进入百米的"最佳冲刺"距离，任何动物都难以逃脱猎豹的追捕。在这个地球上，猎豹是短距离跑得最快的动物。10米、20米……距离一点点地在接近，悄无声息。启动，奔跑，1秒钟的时间，猎豹已经拉直了自己流线型的身体，像箭一般破空而出。年轻的羚牛来不及将吃到嘴里的青草咽下去，撒开四蹄就逃。羚牛不敢走直线，因为与猎豹赛跑，它没有哪怕一丝的胜算。羚牛不断地变换方向，但是，没跑出50米，就被矫健的猎豹追上，扑倒……猎豹又一次用它那"无敌"的速度，为自己赢得了一份丰盛的晚餐。

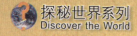

## 猎豹跑得飞快的原因

猎豹为什么能跑得这么快呢？其实，这与它的身体结构有关。首先，猎豹的腿很长，身体很瘦。其次，猎豹的脊椎骨十分柔软，容易弯曲，像一根大弹簧一样。再次，猎豹跑起来时，它的前肢和后肢都在用力，而且身体也在奔跑的过程中一起一伏。另外，猎豹有条大尾巴，起到良好的平衡作用，这就避免了它在急转弯及止步时摔倒。

## 不会爬树的猎豹

由于猎豹的爪子不能伸缩，不善于攀岩，所以它们一般不能上树，最多只能爬上一些已经倒伏的树木。所以，在非洲，有时你会看到一些像猎豹一样的动物在树上休息或等候猎物，以为是猎豹。实际上那是豹。

## 猎豹的牙齿

猎豹的牙齿很锋利，但是与其他大型的猫科动物相比，它们的牙比较小。由于猎豹的头比较小，所以它的上颌相对来说也就比较小，因此它不可能长很长的齿根。另外，它的牙齿不可能变得很长，因为牙如果很长的话，就需要很长的齿根才不容易断。如果齿根短，牙齿外露的部分长，那么很容易在咬东西的时候折断。

## 猎豹的变种——王猎豹

1926年，津巴布韦人发现一种模样不同寻常的猎豹。这种动物身上的图案并不是通常的小斑点，它们身上的斑纹面积更大一些，与美洲豹有些相似。而且，它们的背部还长有黑色的条纹，颈上有较长的鬃毛。于是，人们称这种动物为王猎豹。

当时，有人还认为这种动物是美洲豹和猎豹的混血儿，也有人觉得它们是猎豹的一个新亚种。王猎豹的身份之谜直到1981年才得以解决。当年，一只王猎豹在南非的一家猎豹中心诞生。随后，研究人员对此做出了结论，认为王猎豹身上与众不同的斑纹是一种非常罕见的基因突变的结果，它们的斑点部分汇集，形成斑纹和大片的斑块。所以，王猎豹是猎豹的一个变种。

我们形容世界上跑得最快的人，往往会说"他像猎豹一样"。你知道世界上100米短跑最快的人是谁吗？

我知道。现在世界上跑得最快的人是北京第28届奥运会上男子100米短跑的冠军得主，世界纪录的保持者，牙买加人博尔特。

# 小心，森林大猫在行动

学名：虎。
家族：脊索动物门哺乳纲食肉目。
分布：欧亚大陆。
种类：目前世界上仅存5种，我国
　　　占4种。

## 当之无愧的百兽之王

　　老虎有神灵一般的强大力量。老虎的身体强壮，成年虎的身长可达4米，重达300千克；背部和前肢的肌肉在运动中起伏，行走起来似乎像是在丛林中滑行。它的牙齿、利爪好比钢刀，还有一条铁鞭似的尾巴。

　　在亚洲，人们把老虎认为是百兽之王；而在非洲，人们把狮子称为"百兽之王"。狮子和老虎的生活地域不同，在自然界中很难遇到，所以输赢不加以评判。不过，在一些马戏团或动物园里，经常上演狮虎搏斗的闹剧，结果吃败仗的总是狮子。因为狮子的行动不如老虎敏捷，体力也比不上老虎，在战斗技巧上也比老虎差得多。所以老虎是当之无愧的百兽之王。

## 老虎的超级感官

　　虎是一种威严而凶猛的动物，一直以来被认为是王者的象征。作为丛林之王，老虎可以称得上是大自然的杰作，拥有几乎令一切生物自惭形秽的超级感官。老虎的感官样样俱佳，所以，任何风吹草动它都了如指掌。

　　老虎的耳朵可以前后左右随意转动，再细小的声音也逃不过它的耳朵；老虎的嗅觉惊人，能在令人吃惊的距离上嗅到猎物散发的气味；老虎的视力也格外出众，在黑夜里，老虎的视力比人类敏锐5倍；老虎的脸颊四周环绕着一圈威风凛凛的虎须，根部分布着神经末梢，灵敏的触觉帮助它感知周围的路径和四处的环境信息；老虎的脚下长有厚厚的粉红色肉垫，可以感受到轻微的振动，同时在捕猎时能隐藏自己的脚步声。拥有了这些装备，老虎对外界的刺激感应极强。如果感到异常，老虎就会仰天长啸。这种怒吼声被称为"虎啸"，可产生18赫兹的次声波，其他动物听了难免会惊慌失措，甚至吓得昏死过去。老虎的这些生理优势，使它站上了食物链的顶峰。

## 独行者

　　老虎是独行者，喜欢独来独往。白天，老虎在树林里睡大觉，天色变暗后它才出来觅食。一个晚上老虎最多要走60千米远的路，活动范围非常大，而属于它的领地，往往大到几百平方千米。老虎所到之处，狼群、豹子、黑熊等食肉动物都会退避三舍，因为谁也不是老虎的对手。老虎是天生的猎手，野外生存教会它如何最大限度地保存体力。所以，老虎捕食时迅速而果断，且一击必中。

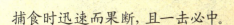

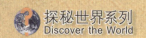
## 老虎独特的捕食方式及虎拳

老虎有独特的捕食方式，遇到猎物时会伏低，并且寻找掩护，慢慢潜近，等到猎物走进攻击距离内，就突然跃出，攻击其背部。老虎的攻击迅捷凶猛。

古代的武术家根据对老虎捕食的细心观察和学习，模仿老虎的动作，创造出虎拳，也称为虎形拳。虎形拳出拳刚烈威猛，马步扎实，虎形拳最重要的特征就是双掌呈"虎爪"状。在虎形拳中，还有一个绝招是虎尾脚，使用者在使出此腿法时就像一只伸出一条尾巴的老虎的样子，在危险关头，突然使出这一招数的话，往往有反败为胜的特殊效果。

你知道哪家汽车公司根据老虎的精神和神话传说命名了一款汽车？

我知道，是美国福特汽车公司。2001年，福特公司和马自达子公司合作开发了一款紧凑型城市SUV，福特以如虎添翼的理念为其取名为"翼虎"。

## 保护老虎行动

由于美丽的毛皮和珍贵的虎骨，野生老虎已经数量大减，处于濒临灭绝的边缘，其中巴厘虎、爪哇虎和里海虎已经灭绝，其余的六种都被列为濒危和部分处于极危的物种。我国的野生华南虎接近灭绝，野生东北虎的数量也不会超过20头。

国外的动物保护学家也在为如何保护这一"美丽的大猫"费尽心机，其中有两位美国科学家，将自己饲养的幼年孟加拉虎带到非洲草原，在那里训练它们捕食，帮助它们恢复野性，得以最后重返自然。希望科学家们的努力能得到回报，希望地球也能留住这种迷人的动物，不要在失去的物种中再添上老虎的名字。

为了树立公众的野生虎保护意识，2010年10月举行的"保护老虎国际论坛"将每年的7月29日定为"世界爱虎日"。

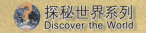
# 草原霸主——雄狮

学名：狮子。
家族：脊索动物门哺乳纲食肉目。
分布：非洲草原。
种类：全世界已知的约有13种。

狮子是地球上力量强大的猫科动物之一。漂亮的外形、威武的身姿、王者般的力量与梦幻般的速度完美结合，使雄狮成为当之无愧的"草原霸主"。

## 雄狮怒吼

狮子爱吼叫，而且会经常性地吼叫，这并不是出于愤怒，其实它的吼叫主要为了警告它的臣民"这是它的领地"，威慑其他狮子或食肉动物，使它们不敢贸然进入领地，以显示它的威风。狮子是所有猫科动物中吼声最大、也是次声波传播最远的，因为它的喉软骨最发达。当新的狮王打败老狮王后，会长时间大吼，甚至会连续吼上几夜，以宣告新的狮王诞生了。

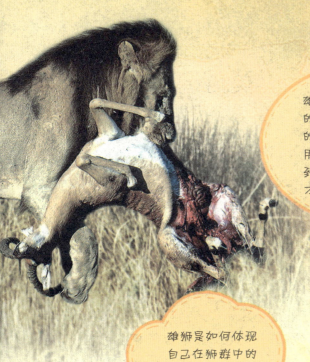

雄狮受到母狮和其他狮子的尊重，由母狮捕猎回来的战利品通常先由雄狮享用，等雄狮用膳完毕，轮到地位最高的母狮，最后才轮到小狮子们。

雄狮是如何体现自己在狮群中的地位的？

## 群居生活中的单打独斗

当一头雄狮并不是一件很容易的事情。尽管狮子是唯一拥有社群组织又进行单独狩猎的猫科动物，但是这种方式没有给狮子直接带来明显的好处。在多数情况下，它们的狩猎活动不是协作进行的，只有当狮群处在危难关头或饥饿难耐的时候，才会合作狩猎。即使合作的时候，最后也是由单只狮子杀死猎物。狩猎通常是由雌狮子来完成，因为雌狮子的行动更迅速、更敏捷。然而，在进食过程中，群体的凝聚力霎时消失殆尽。每只狮子都变得非常自私，当雄狮子们贪婪地攫取猎物的时候，冲突会随处爆发：用脚掌拍打，撕扯耳朵，冲幼仔低吼，雌狮子则通过一动不动地用嘴咬住猎物来表示自己对食物的占有权。

## 雌雄两态

　　狮子是世界上唯一一种雌雄两态的猫科动物。雄狮的头巨大，头颅全长一般为35～38厘米；雌狮的头颅全长一般为28～32厘米，比雄狮小得多。显而易见，雄狮普遍要比雌狮大。雄狮的鬃毛也展示了与雌狮的某些不同之处。雌狮的毛发短，体色为浅灰、黄色或茶色，雄狮长有很长的鬃毛，鬃毛有淡棕色、深棕色、黑色等，长长的鬃毛一直延伸到肩部和胸部。此外，由于雄狮的鬃毛太长，很容易被其他动物发现，因此狩猎的任务常常由雌狮负责。

## 美洲狮与狮子的区别

　　美洲狮具有又粗又长的四肢和粗长的尾巴，后腿比前腿长，这使它能轻松地跳跃并掌握平衡，从而越过14米宽的山涧。美洲狮具有宽大而强有力的爪子，有利于攀岩、爬树和捕猎。美洲狮虽然冠以"狮"名，实际上却只有几处与狮子相似：一是耳朵背后有黑色斑，二是尾巴末端有一丛黑毛，三是幼仔身上也有暗色的斑点，四是体色与狮子相似。除此以外，它与狮子尚有许多不同之处：体形比狮子小且细长，四肢较长，没有鬃毛。

## 舞狮

舞狮是我国优秀的民间艺术，每逢元宵佳节或集会庆典，民间都以舞狮前来助兴。这一习俗起源于三国时期，南北朝时开始流行，至今已有1000多年的历史。

中国民俗传统认为，舞狮可以驱邪辟鬼。因此每逢喜庆节日，比如开张庆典、迎春赛会等，表演者会在锣鼓音乐的伴奏下，装扮成狮子的模样，做出狮子的各种形态动作。

舞狮也随着移居海外的华人而闻名世界，在马来西亚、新加坡等地，舞狮相当盛行。聚居欧美的海外华人还组成不少醒狮会，在每年的春节或重大喜庆节日，在世界各地舞狮庆祝。

## 古埃及的狮身人面像

公元前2610年的一天，法老胡夫在巡视快要竣工了的陵墓——金字塔。胡夫发现采石场上还留下一块巨石，于是当即命令石匠们，按照他的脸形，雕一座狮身人面像。石工们冒着酷暑，一年又一年地精雕细刻。狮身人面像高20米，长57米，脸长5米，头戴"奈姆斯"皇冠，额上刻着"库伯拉"圣蛇浮雕，下颌有帝王的标志。狮身人面像位于最大的胡夫金字塔的东侧，以其独特的魅力，吸引了各地的游客前来参观。

# 海洋中的巨无霸
## ——鲸

学名：鲸。
家族：脊索动物门哺乳纲鲸目。
分布：除北冰洋之外的世界各
　　　大洋。
种类：全世界已知的有80余种。

　　鲸是世界上体形最大的动物，比第二大的哺乳动物——非洲象还要重30倍。体形最大的恐龙体重也不足它的一半。刚出生的蓝鲸就与雌性大象的体重一样，而且每天增加的体重约为90千克，即每小时增加3.6千克。等完全长大时，它的心脏大小相当于一辆家用轿车，能够处理9000升的血液，心脏每跳动一下，就能泵出270多升的血液，它的大动脉足以让一个5岁的小孩在里面游泳。

你知道鲸是如何换气的吗？

## 海洋中的巨无霸

鲸能够长得这么大，是由于水的浮力可以承受它巨大的体重，而且，在陆地上这么大的动物是无法生活的，因为体内的能量需要运转，所需的食物也太多了。但是对于生活在海里的哺乳动物来说，也存在不少疑难的问题，比如海洋其实是一个"荒漠"地带，没有任何可以饮用的淡水；而且这里很冷，在水中的热传导速度比陆地上要快24倍。让我们来看看鲸是如何适应环境的吧！鲸减少了表面积与体重的比率，而且体表还有一层厚厚的脂肪。这层脂肪不仅能够起到绝缘外套和救生衣的作用（它的密度小于海水的密度），而且可以储存从食物中摄取的水分，以便在食物短缺时能够为鲸提供一部分营养，供生存所需。

## 潜水冠军

鲸的潜水本领在哺乳动物中是独一无二的。其中胆鼻鲸和抹香鲸分别能潜水120分钟和90分钟，堪称"潜水冠军"。鲸能够长时间地在水下遨游且有足够的氧气供应，主要还是因为鲸的肌肉中的呼吸色素特别多，可大大增加对氧气的储备量。而且鲸的血液比较多，在潜水时心脏搏动的频率减缓，部分血循环闭锁，减少氧气的消耗，确保脑和心脏等重要器官的氧气供应。另外，鲸潜水时，其中枢系统对二氧化碳的刺激毫无反射，所以它能屏气很长一段时间。

> 我知道，鲸的鼻孔直接长在头顶上，当它们出水换气时，常常将喷气孔附近的海水一起喷上去，形成水柱。

## 座头鲸之歌

　　每年冬季，200多头座头鲸从大西洋各地聚集到多米尼加共和国的萨马纳湾，雌鲸会在这片温暖的水域产仔。在照料幼鲸的第一个月里，雌鲸还会再次交配，海湾里到处都是它们求偶的歌声。美国康奈尔大学的凯蒂·佩恩博士已经欣赏了十多年的"水下音乐会"，水下声波探测器记录了鲸的各种声音。佩恩发现鲸的叫声有着复杂的节奏和组合规律。她还发现海湾里的每头鲸都在唱同一首歌。这首歌大约有5个严格排列的主题。雄鲸不断重复每个主题，重复次数由它来定，唱完一个主题后总是转入下一个主题再反复吟唱。它会周而复始地唱个不停，直到用一个显著的长啸作为"结束音"。她发现座头鲸竟然还能"作曲"，鲸的歌每年都在发生变化，10年前，歌曲里还只包含着这5个主题，但在2年后加入了一声低沉的嘟哝声。又过了2年，又加上了4声嘟哝声，再到了下个繁殖季，已经变成了13声。那么，鲸为什么会唱如此变化多端的歌曲呢？佩恩觉得多变的旋律可能是为了吸引喜欢花哨乐曲的雌鲸，就像人类的求偶方式一样，用有创意的点子去吸引女性。

### 鲸类王国中的"语言大师"——虎鲸

科学家们研究表明,虎鲸能发出62种不同的声音,而且不同的声音具有不同的含义。生活在不同海区里的虎鲸,甚至不同的虎鲸群,它们使用的"语言音调"有程度不同的差异,类似人类的方言,所以研究人员称它为"虎鲸方言"。有时候,某一海区出现大量鱼群,虎鲸群从四面八方赶来觅食。但它们的叫声互不相同。研究人员推测,虎鲸之间可以通过"语言"交谈,至于它们是怎样听懂对方的"方言"的,是否也像人类一样配有翻译,至今还是个不解之谜。

### 鲸为什么要集体自杀

世界上常会发生鲸自杀的惨剧。1946年10月,835头鲸冲上阿根廷的一个海滩集体自杀。这大概是最大规模的一次自杀行动了。鲸为什么要自杀呢?科学家发现,鲸的视力很差,只能看到大约17米远,主要依靠回声测距本领来进行觅食和导航,即通过在水中发出的超声波的反射距离来判断方向。而平坦的海滩无法使鲸发射的超声波反射回来,这就是鲸冲上海滩的原因之一。

# 脑力大激荡

1.水母的消化器官是　　　　　　（　）
　　A.眼睛　　B.伞状体　　C.中胶层　　D.触手

2.母螳螂的吃"夫"现象发生的真正原因是
　　　　　　　　　　　　　　　（　）
　　A.补充孕期营养
　　B.对公螳螂不满
　　C.饥不择食
　　D.保护孩子

3.蜜蜂头朝上跳"8"字形舞的含义是（　）
　　A.朝与太阳相反的方向飞，是采蜜的方向
　　B.朝太阳的方向飞，就是采蜜的方向
　　C.蜂巢离花丛距离100米
　　D.蜂巢离花丛距离100米以上

4.澳大利亚本土的屎壳郎推的粪球主要产自
　　　　　　　　　　　　　　　（　）
　　A.袋鼠　　B.大象　　C.牛　　D.狐狸

5.世界上最大的蝴蝶是　　　　　　（　）
　　A.小灰蝶　　　　　B.欧洲蓝蝶
　　C.鸟翼蝶　　　　　D.黑蝴蝶

6.七星瓢虫的俗称为　　　　　　　（　）
　　A.七大姐　　B.星大哥　　C.花小姐　　D. 花大姐

7.楚汉相争之际，张良利用饴糖引诱蚂蚁，组
　　成的六个大字，为　　　　　　（　）
　　A.项羽自刎乌江
　　B.霸王自刎乌江
　　C.霸王自愿投降
　　D.项羽自愿投降

8.海马得名的原因是　　　　　　　（　）
　　A.尾部像马尾　　　B.躯干像马身
　　C.身长与马一致　　D.头部酷似马头

9.鲸鲨的寿命大约为　　　　　　　（　）
　　A.80年　　　B.70年　　　C.60年　　　D.50年

10.大白鲨体内重要的探测器是　　　（　）
　　A.鱼鳍　　B.尾鳍　　C. 牙齿　　D. 鼻子

11.受树蛙某一特殊结构的启发，印度科学家研
　　制出一种黏合剂。这种结构为　　（　）
　　A.树蛙的眼睛　　　　B.树蛙的唾液
　　C.树蛙的卵泡　　　　D.树蛙的脚趾

12.足以杀死十个成年人的箭毒蛙是　（　）
　　A.草莓箭毒蛙　　　　B.蓝宝石箭毒蛙
　　C.黄金箭毒蛙　　　　D.叶毒蛙

13.现存体形最大最古老的海龟是　　（　）
　　A.玳瑁　　　　　　　B.棱皮龟
　　C.绿海龟　　　　　　D.橄榄绿鳞龟

14.世界上现存最大的爬行动物是　　（　）
　　A.海龟　　B.恐龙　　C.蟒蛇　　D.湾鳄

15.科莫多龙具有巨大杀伤力的秘密是（　）
　　A.被咬伤的动物因科莫多龙口腔中的细菌侵袭
　　　而死亡
　　B.牙齿带有剧毒
　　C.爪子带有剧毒
　　D.科莫多龙的下颚的腺体会分泌致命的毒液

16.世界上最大的蟒蛇的名称是　　　（　）
　　A. 仙女　　B.梨花　　C. 桂花　　D.兰花

17.被响尾蛇咬伤后的急救方法是　　（　）
　　A.立即送往医院
　　B.由专业医生治疗
　　C.及时使用抗蛇毒素
　　D.以上选项都对

18. 下列没有将雄鹰作为国鸟的国家是（　　）
A.伊拉克　B.利比亚　C.埃及　D.赞比亚

19. 鸟类中杰出的滑翔冠军是　　　（　　）
A.老鹰　B.白头海雕　C.鹦鹉　D.信天翁

20. 孔雀开屏时，五彩缤纷的尾屏长约为（　　）
A.3米　B.5米　C.1.5米　D.4米

21. 啄木鸟不会患脑震荡的原因是　（　　）
A.大脑周围有一层海绵状骨骼
B.海绵状骨骼内充满液体
C.头颈部的肌肉特别发达
D.以上选项都对

22. 鸥翼式车门主要受哪种动物的启发（　　）
A.海鸥　B.老鹰　C.大雁　D.燕子

23. 世界上最大的企鹅是　　　　（　　）
A.小蓝企鹅　　　　B.阿德利企鹅
C.帝企鹅　　　　　D.洪氏环企鹅

24. 体形最大的袋鼠是　　　　　（　　）
A.波多罗伊德袋鼠　　B.树袋鼠
C.大种袋鼠　　　　　D.红袋鼠

25. 蝙蝠是一种　　　　　　　　（　　）
A.爬行动物　　　　B.鸟类
C.哺乳动物　　　　D.两栖动物

26. 宝马H2R汽车模仿的动物是　（　　）
A.狮子　B.鹦鹉　C.海豚　D.海狮

27. 世界上最高的陆地动物是　　（　　）
A.大象　B.长颈鹿　C.孔雀　D.野猪

28. 斑马的家乡在　　　　　　　（　　）
A.亚洲　B.欧洲　C.美洲　D.非洲

29. 大象的寿命一般为　　　　　（　　）
A.50岁左右　　　　　B.80岁左右
C.90岁左右　　　　　D.100岁左右

30. 下列不属于松鼠尾巴的用途的是（　　）
A.传递警报信号　　　B.保暖
C.保持平衡　　　　　D.攻击天敌

31. 大熊猫最喜爱的食物是　　　（　　）
A.猪肉　B.竹子　C.羊肉　D.牛肉

32. 下列动物中，与人类亲缘关系最近的是
（　　）
A.猩猩　B.老虎　C.鲸　D.乌龟

33. 狗是由哪种动物演化而来的　（　　）
A.狐狸　B.狼　C.野猪　D.豪猪

34. 如果狐狸发现猎人的陷阱，它会做出的行
为是　　　　　　　　　　　（　　）
A.发出号叫　　　　B.散发狐臭
C.把陷阱挖开　　　D.回窝报告

35. 陆地上的短跑冠军是　　　　（　　）
A.美洲豹　B.猎豹　C.羚羊　D.藏獒

36. 老虎发出的虎啸，会产生　　（　　）
A.15赫兹的次声波
B.10赫兹的次声波
C.9赫兹的次声波
D.18赫兹的次声波

37. 地球上力量最强的猫科动物是　（　　）
A.狮子　B.老虎　C.美洲豹　D.猎豹

38. 鲸属于　　　　　　　　　　（　　）
A.鱼类　　　　　　B.软体动物
C.哺乳动物　　　　D.两栖动物

## 图书在版编目（CIP）数据

奇趣动物之谜/李瑞宏主编.——杭州：浙江教育
出版社，2017.4（2019.4重印）
　（探秘世界系列）
　ISBN 978-7-5536-5682-3

　I.①奇… II.①李… III.①动物—少儿读物 IV.
①Q95-49

中国版本图书馆CIP数据核字（2017）第063854号

**探秘世界系列**

# 奇趣动物之谜
QIQU DONGWU ZHI MI

李瑞宏 主编　郭寄良 副主编
高 凡 陆 源 编著 米家文化 绘

| | | | |
|---|---|---|---|
| **出版发行** | 浙江教育出版社 | | |
| | （杭州市天目山路40号　邮编：310013） | | |
| **策划编辑** | 张 帆 | **责任编辑** | 谢 园 |
| **文字编辑** | 陈丽丽 | **美术编辑** | 曾国兴 |
| **封面设计** | 韩吟秋 | **责任校对** | 雷 坚 |
| **责任印务** | 刘 建 | **图文制作** | 米家文化 |
| **印　　刷** | 北京博海升彩色印刷有限公司 | | |
| **开　　本** | 787mm×1092mm 1/16 | | |
| **印　　张** | 10.25 | | |
| **字　　数** | 205000 | | |
| **版　　次** | 2017年4月第1版 | | |
| **印　　次** | 2019年4月第2次印刷 | | |
| **标准书号** | ISBN 978-7-5536-5682-3 | | |
| **定　　价** | 38.00元 | | |